いちばんやさしい**パイソン**の本

Python
スタートブック
[増補改訂版]

辻 真吾　Shingo Tsuji

バージョン **3** に完全対応！

技術評論社

はじめにお読みください

●本書の画面およびプログラムについて
本書の画面およびプログラムは、Windows 10およびmacOS High Sierraにて動作確認を行っております。

●プログラムの著作権について
本書で紹介し、ダウンロードサービスで提供するプログラムの著作権は、すべて著者に帰属します。これらのデータは、本書の利用者に限り、個人・法人を問わず無料で使用できますが、再転載や再配布などの二次利用は禁止いたします。

●本書記載の内容について
本書に記載された内容は、情報の提供のみを目的としています。したがって、本書を用いた運用は、必ずお客様自身の責任と判断によって行ってください。これらの情報の運用の結果について、技術評論社および著者はいかなる責任も負いません。

本書記載の内容は、第1刷発行時のものを掲載していますので、ご利用時には変更されている場合もあります。ソフトウェアはバージョンアップされることがあり、本書の説明とは機能や画面が異なってしまうこともあります。

以上の注意事項をご承諾いただいた上で、本書をご利用願います。これらの注意事項をお読みいただかずにお問い合わせいただいても、技術評論社および著者は対処できません。あらかじめ、ご承知おきください。

- Pythonは、Python Software Foundationの登録商標または商標です。
- Microsoft Windowsは、米国およびその他の国における米国Microsoft Corporationの登録商標です。
- macOSは、米国およびその他の国における米国Apple Inc.の登録商標です。
- その他、本文中に記載されている製品の名称は、すべて関係各社の商標または登録商標ですなお、本文中に™マーク、®マークは明記しておりません。

はじめに

　この本の初版が出版されたのは2010年のことですが、その頃のPythonは、日本においてはまだまだ知名度が低いプログラミング言語でした。Pythonが日本を含めた世界で急速に人気を拡大するのに合わせ、幸いにも、本書は多くの方々から好評をいただきました。

　いまやPythonは、JavaやC／C++といった言語に、世界的に見ても肩を並べるまでになりました。Pythonは、初学者に優しい言語です。これは、プログラミングに慣れた人にとっても、楽に書けることを意味するので、このことが普及の一因になっていることは間違いないでしょう。また最近では、データ解析や機械学習を基礎とした人工知能の分野で、Pythonが中心的な役割を果たす言語になっていることも、普及の原動力になっていると考えられます。

　インターネット上でWebが誕生し、世界に普及しはじめたのは1990年代はじめのことです。半世紀も経たないうちに、あらゆる情報がデジタル化されてネットでやり取りされる時代になりました。こうした情報を扱う多くの方々は、ほとんどの仕事がコンピュータを使った作業になっているはずです。コンピュータは、プログラミング言語を利用すると、自分の思うがままに操ることができます。プログラミング言語には種類がありますが、コンピュータの高性能化に合わせて、人にとってプログラミングの負担が減るように進化してきています。Pythonはその中でも、もっとも人に優しい言語の1つです。

　人類の歴史は長く、いろいろな発見や発明を積み重ねてきました。最近はネットの普及もあって、複雑に絡み合った情報が、いたるところに溢れかえっています。ただ、何かまったく新しいことをはじめようと思うときは、知識がないので、どの情報を参考にすれば良いのかわからなくなることもあるかもしれません。どんな分野の達人にも、はじめてその分野に足を踏み入れた瞬間はあります。本書は、プログラミングの世界へ最初の一歩を踏み出すための助けになるように作りました。改訂版では、ご支持いただいた初版の良さをそのままに、さらに深い知識を手に入れるための道筋を示す、新たな2章を追加しました。

　本書を通じ、1人でも多くの方に、プログラミングの楽しさを知ってもらえたらと思っています。楽しくなれば、きっとできるようになります。できるようになると、仕事が効率化します。仕事が早く終われば、別のことに時間が使えます。余暇に使っても良いですし、新たな分野の研究に使って良いかもしれません。そうすると、人類のさらなる発展に寄与できるかもしれません。本書がその一助になれば、この上ない幸せです。

2018年2月　辻　真吾

目次 CONTENTS

　本書の構成 ……………………………………………………………… 8
　本書の使い方 …………………………………………………………… 10
　サンプルデータについて ……………………………………………… 10

第1章　プログラムを作ろう！　　11

1-1	この章で学ぶこと ………………………………………… 12
1-2	プログラミング言語Python ……………………………… 13
1-3	Pythonのインストール …………………………………… 16
1-4	コンピュータに指示を出す ……………………………… 19
1-5	インタラクティブシェルではじめるPython …………… 25
1-6	はじめてのプログラムを書く …………………………… 30
	練習問題 …………………………………………………… 36

第2章　プログラムの材料と道具　　37

2-1	この章で学ぶこと ………………………………………… 38
2-2	材料の種類とデータ型 …………………………………… 40
2-3	道具としての関数 ………………………………………… 53
2-4	メソッド …………………………………………………… 59
	練習問題 …………………………………………………… 62

第3章　データと型のすべて　　63

3-1	この章で学ぶこと ………………………………………… 64
3-2	材料と道具をまとめて考える …………………………… 65
3-3	モノの上下関係を考える ………………………………… 68
3-4	データの型とその中身 …………………………………… 71
3-5	datetimeモジュール ……………………………………… 75
3-6	データ型とオブジェクト ………………………………… 80
3-7	人生を計算してみる ……………………………………… 83
	練習問題 …………………………………………………… 86

第4章 データの入れ物　　87

- 4-1　この章で学ぶこと　　88
- 4-2　リスト型　　90
- 4-3　辞書型　　101
- 4-4　その他の入れ物　　107
- 4-5　単語並べ替えプログラム　　111
  - 練習問題　　114

第5章 条件分岐と繰り返し　　115

- 5-1　この章で学ぶこと　　116
- 5-2　for文　　118
- 5-3　if文　　123
- 5-4　while文　　129
- 5-5　エラー　　134
- 5-6　体型判定プログラム　　139
  - 練習問題　　146

第6章 ファイルの読み書き　　147

- 6-1　この章で学ぶこと　　148
- 6-2　簡単なファイルの読み書き　　150
- 6-3　複数行を書き込み・読み込みする　　157
- 6-4　for文を使ったファイルの処理　　163
  - 練習問題　　168

第7章 Pythonで画を描く　　169

- 7-1　この章で学ぶこと　　170
- 7-2　turtleモジュールの基本　　171
- 7-3　turtleモジュールを使いこなしてみよう　　180
  - 練習問題　　192

第8章　関数を作る　193

- 8-1　この章で学ぶこと　194
- 8-2　関数の書き方を知ろう　195
- 8-3　関数の便利さを実感してみる　204
- 8-4　さらに関数を知る　213
  - 練習問題　216

第9章　新しいデータ型を作る　217

- 9-1　この章で学ぶこと　218
- 9-2　データ型の復習　220
- 9-3　新しいデータ型を作る　223
- 9-4　もっとクラスを知る　229
- 9-5　継承　243
  - 練習問題　250

第10章　Webアプリケーションを作る　251

- 10-1　この章で学ぶこと　252
- 10-2　Webの仕組み　253
- 10-3　CGIで作る動的なWeb　259
- 10-4　サーバにデータを送る　267
  - 練習問題　272

第11章　データを解析する　273

- 11-1　この章で学ぶこと　274
- 11-2　データベースを利用する　275
- 11-3　ヒストグラムを描く　283
  - 練習問題　292

付録

付録A　WindowsにPythonをインストールする 293
付録B　macOSにPythonをインストールする 302
付録C　文字コードと日本語 310
付録D　関数と変数の高度な話 313
付録E　リスト、辞書、セットの実践テクニック 319
付録F　コンピュータの歴史とPython 328
付録G　さらに学んでいくために 333
付録H　外部ライブラリの追加方法 337

　　　練習問題の解答 340
　　　索引 347

本書の構成

　この本は、プログラミングについての知識を学ぶために構成されています。Pythonという言語を使って、1行の計算式から学習をはじめて、最終的には本格的なプログラムを作れるようになることを目指します。幸いなことに、Pythonにはたった1行でもすぐにプログラムを実行できる環境が備わっていますので、実際にプログラムを入力して、1つ1つの結果に納得しながら読み進めていくことができます。簡単に各章の内容をご紹介します。

第1章　プログラムを作ろう！

Pythonのプログラムを作って実行するための環境を整えましょう。そして、最初のプログラムを作って実行します。細かいことは後から学べばいいのです。

第2章　プログラムの材料と道具

プログラムを作るためには、材料と道具が必要です。材料とは、プログラムの中で使われるデータで、道具とは、このデータを加工するための仕組みです。

第3章　データと型のすべて

たとえば、日付や時刻はどのようにプログラムの中で使うのでしょうか？　これを簡単にするPythonの仕組みを、わかりやすい例で学びます。

第4章　データの入れ物

プログラムは、住所録の宛名印刷など、たくさんのデータを順番に繰り返し処理する作業が得意です。まずは、データをまとめる仕組みを解説します。

第5章　条件分岐と繰り返し

繰り返し処理と条件によって処理を分ける仕組みを解説します。この章の内容が理解できれば、かなり高度なプログラムを作れる知識が身につきます。

第6章　ファイルの読み書き

ワープロやお絵描きソフトで作ったデータをファイルに保存するのと同じことを、Pythonのプログラムで実現します。

第7章　Pythonで画を描く

Pythonには、学習を助けてくれる亀がいます。画面上でこの亀を動かしながら、第5章の知識をさらに確かなものにしていきます。

第8章　関数を作る

第2章でデータを扱うための便利な道具を紹介しましたが、道具を自分で作れるようになると便利ですので、ここでチャレンジしてみます。

第9章　新しいデータ型を作る

日付や時刻はよく使われるのでPythonにあらかじめ用意されていますが、用意されていないモノは作るしかありません。その作り方を解説します。

第10章　Webアプリケーションの初歩

Webは現代の情報社会を支える重要な技術の1つです。その基本的な仕組みを理解して、プログラミングの練習を兼ねて、簡単なWebアプリを作ってみます。

第11章　データサイエンスの基本

Pythonは、データ解析や、機械学習（人工知能）といった分野で、中心的に利用されている言語の1つです。この章ではその最初の一歩を、SQLと一緒に解説します。

付録

本文中では説明しきれなかった周辺知識や高度な知識、知っていると便利なテクニックなどをまとめています。

本書の使い方

　本書の学習ページでは、STEPごとに基本の解説から順に、より複雑な内容へと解説を進めていきます。考え方やしくみをイラストで解説していますので、難しい内容もイメージで理解することができます。

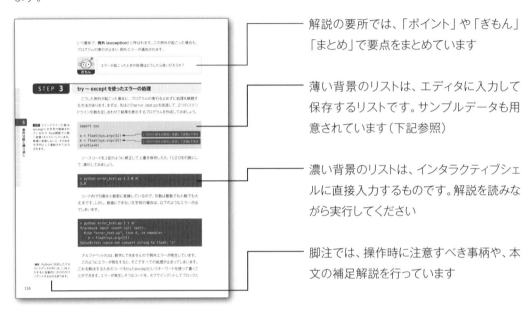

- 解説の要所では、「ポイント」や「ぎもん」「まとめ」で要点をまとめています
- 薄い背景のリストは、エディタに入力して保存するリストです。サンプルデータも用意されています（下記参照）
- 濃い背景のリストは、インタラクティブシェルに直接入力するものです。解説を読みながら実行してください
- 脚注では、操作時に注意すべき事柄や、本文の補足解説を行っています

　なお、本書の内容が古くなってしまった場合は、以下の著者サポートサイトに対応情報を掲載しています。

http://www.tsjshg.info/pysta/

サンプルデータについて

　本書で解説しているプログラムのサンプルデータは、技術評論社のWebサイトからダウンロードすることができます。以下のURLにアクセスして「サンプルデータ」をダウンロードし、解凍してご利用ください。実際に動かして試す場合は、第1章および付録A、付録Bを参考に、Pythonとプログラミング用のエディタをインストールしてください。なお、サンプルデータはWindows用とmacOS用の2種類あります。

http://gihyo.jp/book/2018/978-4-7741-9643-5/support

第1章

プログラムを作ろう!

普通のコンピュータユーザーが、プログラムを作れる人になるための最初の一歩です。耳慣れない用語が出てくるかもしれませんが、Pythonでプログラミングをするときの流れを理解できれば大丈夫です。細かいことは後の章で1つ1つ学んでいきましょう。

プログラムを作ろう！

この章で学ぶこと

プログラミングは決して難しくありません。肩の力を抜いて、Pythonを使ったプログラミングを体験していきましょう。

POINT 1　はじめる前に

　Python（パイソン）は、プログラムを作るための言語です。プログラムを作るための言語は、Python以外にもいろいろあります。まず、なぜPythonでプログラムを学ぶのが良いのかを説明します。その後、Pythonが使えるようにコンピュータの環境を整えていきましょう。

　また、普段はコンピュータをマウスとキーボードを使って操作していると思いますが、実は、キーボードだけを使って操作することも可能です。プログラミングを学ぶ場合、この方法でコンピュータに指示を出せると便利です。Pythonでのプログラミングをはじめる前に、いつもとは違うコンピュータの利用方法を知ることにします。

POINT 2　Pythonを使ってみる

　細かな命令を断片的に実行できるのは、Pythonの大きな利点です。まずは、実際にPythonに触れるところからはじめてみます。簡単な命令を実行しながら、少しずつ慣れていきましょう。

POINT 3　Pythonではじめてのプログラムを作る

　まずは1つ、実際に動くプログラムをPythonで作ってみます。大きくて複雑なプログラムも、小さなプログラムも、基本的には同じ流れで作ることができます。ここでは、Pythonでプログラムを書くときの一通りの手順を体験してみましょう。

1-2 プログラミング言語 Python

プログラムを作ろう！

Pythonを知らないうちから、Pythonの良さを理解するのは難しいかもしれませんが、たとえ話を交えつつPythonでプログラミングを学ぶ利点を説明します。

STEP 1　プログラミングは難しくない!

　本書では、Python（パイソン）というプログラミング言語を使って、プログラムを作るための方法を学びます。プログラミングと聞くと「難しそう…」と思うかもしれませんが、大丈夫です。できるだけ簡単に、しかも本格的な技術を身に付けられる言語がPythonです。

　プログラミングの技術を磨いていけば、普段私たちが使っているような、インターネットのブラウザやワードプロセッサソフト、さらにはゲームなどのソフトウェアを作れるようになります。そこまでいかなくても、少しプログラミングができるだけで、パソコンでのちょっとした作業が自動化できるようになったりと、便利なことはたくさんあります。

　本書は、何も知らないところからはじめて、最後には現代的なプログラミングの技法を習得できるように構成されています。最初、いつもとは少し違ったコンピュータの使い方を知る必要がありますが、すぐに慣れるので大丈夫です。一歩踏み出せば、きっと楽しくなり、どんどんプログラミングについての詳しい知識が知りたくなるでしょう。

STEP 2　なぜPythonなのか?

　Pythonの他にも、いろいろなプログラミング言語があります。図1に、比較的有名な言語を並べてみました。

▼ 図1　いろいろなプログラミング言語がある

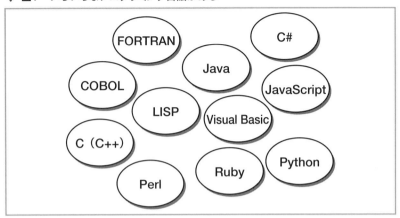

　もしかしたら、実際に耳にしたことがある言語があるかもしれません。これらの言語のどれを使ってもプログラミングはできます。その中から、なぜPythonを選ぶのでしょうか？

どうしてPythonが良いのだろう？

　まず第一に、Pythonがプログラミング初心者にとって非常に習得しやすい言語だからです。たとえば、カレーライスを作ることを考えてみましょう。カレーは、たくさんのスパイスが調合されてできています。本気で作ろうと思ったら、インド料理の食材を売っている専門店へ行って、聞いたこともないような何十種類ものスパイスを買ってきて調合する必要があるでしょう。うまくいけばおいしいカレーができるかもしれませんが、失敗するときっと大変です。近所のスーパーマーケットに行けば、適当な割合でスパイスを調合して作られたカレールーが売っています。これを買ってきてカレーを作れば、おいしいカレーが手軽に作れます（図2）。

▼ 図2　やり方次第で難易度がずいぶん違う

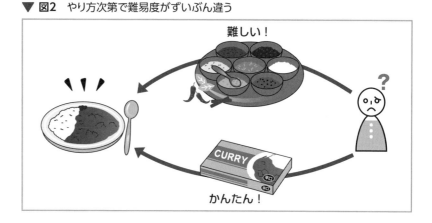

補足　また、Pythonでは、ある目的を達成するための手順が、できるだけ1つになるように設計されています。

　初心者がはじめてカレーを作るなら、あきらかにカレールーを買ってきて作るほうが良いでしょう。Pythonでのプログラミングはこれに似ています。Pythonは他の言語と比べると、プログラミングをはじめるときに覚えなければならないことが格段に少なくて済みます。

　Pythonを選ぶもう1つの理由に、Pythonが本格的なソフトウェアの作製にも使えるという点があります。スーパーマーケットで買ってきたルーで作るカレーも、よく炒めたタマネギやたくさんの野菜で取ったダシを加えると、プロ顔負けの味を出すことができます。Pythonには柔軟な機能拡張の仕組みが備わっており、実用に耐える大規模で本格的なプログラムも作ることができます。ただの初心者向け言語ではないのです。このことは、Pythonを知れば知るほど実感できると思います。

STEP 3　つまりPythonが一番!

補足　Pythonはデータサイエンスや人工知能、機械学習といった分野でも、中心的な役割を果たす言語になっています。

　プログラミング言語はたくさんあり、それぞれ性質が違うので、どの言語が良いのか？ という疑問に簡単に答えを出すことはできません。また、時代が変わると流行が変わるのも事実です。一方で、PythonはGoogleやNASA（アメリカ航空宇宙局）の内部で利用されているという実績があり、世界的に利用者が増えている勢いのある言語です。いくつかの言語を知ってからでないと、どの言語が良い言語なのかを判断するのは難しいですが、1つ言語を知っていると、他の言語の習得が格段に楽なことも事実です。初心者に優しく、拡張性の高いPythonをプログラミングの入り口として選ぶのは、現時点では最良の方法の1つだといえるでしょう。

Pythonは学びやすいだけではなく、本格的なプログラミングにも対応できる

プログラムを作ろう！

Pythonのインストール

Pythonのプログラミングをはじめる前に、Pythonのプログラミング環境を作りましょう。いくつかの選択肢があるので、ご自分に合った環境を整えてみてください。

STEP 1　Pythonにはバージョンがある

　Pythonは、1990年ごろ、オランダ人プログラマであるグイド・ヴァンロッサム（Guido van Rossum）氏によって開発されましたが、現在は彼を中心に多くの優秀なプログラマが開発に参加しています。また、言語の仕様の策定や最新版のPythonの配布などは、Python Software Foundation（www.python.org）が行っています。

　Pythonでプログラミングをするためには、まず、お使いのコンピュータにPythonをインストールする必要があります。インストールは、Webブラウザやワードプロセッサなど、普段使っているソフトウェアと同じようにできます。また、Pythonは無料で利用できます。

　Pythonには、バージョンがあります。大きく分けると、2.x系と3.x系があり、本書では3.x系を使ってPythonを学びます。2.x系は、2.7が最後のバージョンで、今後、積極的な開発は行われません。また、2020年を目処にメンテナンスを目的としたアップデートも終了する予定ですので、今後は3.xが主流となります。

　2.x系から3.x系にバージョンが変わる際、Pythonには、より良い言語になるための大幅な改良が加えられました。そのため、2.x系のコードは、そのままでは3.x系で動かすことができないものもあり、注意が必要です。

　一方、Pythonは、2.x系の時代にも世界的に普及していたので、2.x系の資産も多くあります。ただ、これからPythonを学ぼうという方は3.x系からはじめるべきですし、2.x系の資産を持っている場合でも、Python 3の中に仮想的にPython 2の環境を作ることもできますので、まずは、Python 3の環境を整えることにしましょう。

注意　macOSやLinuxなど、ほとんどのUnix系OSには、標準でPythonが搭載されています。ただ、後述するバージョンの問題があるので、インストールが必要になります。

STEP 2 Pythonにはたくさんのライブラリがある

　ライブラリとは、たくさんの小さなプログラムを集めてすぐに使えるようにした、部品収納箱のようなものです。Pythonは、最初から使える標準ライブラリが非常に充実していて、これがプログラミングが楽にできる大きな要因の1つです。さらに、世界中の人達が、後から追加できる優秀なライブラリを作って配布してくれています。これらのライブラリを「外部ライブラリ」と呼びますが、本格的なWebアプリケーション開発やデータ解析にはなくてはならないものです。

補足 ライブラリの詳しい追加方法は、付録Hを参照してください。

　本書は、標準ライブラリだけを使ってプログラミングを学ぶので、外部ライブラリの追加は必要ありません。また、Pythonをインストールした後でも、これらの外部ライブラリをいつでも追加することができます。

　ただ、お使いのOSなどの環境によっては、外部ライブラリの追加に手間がかかることもあります。そこで、標準のPythonに、世界的によく使われている外部ライブラリを加えて、パッケージにして配ってくれている組織もあります（図3）。

▼ **図3** 標準のPythonと外部ライブラリのパッケージ（イメージ図）

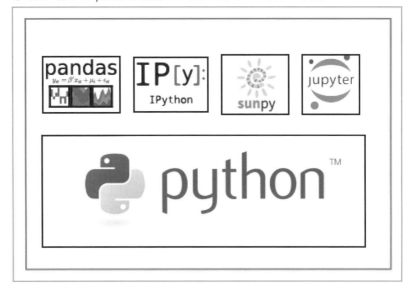

補足 pythonは日本語で「ニシキヘビ」ですが、anacondaは「大蛇」です。小洒落たネーミングになっています。

　このようなパッケージの中で、現在もっともよく利用されているのは、米Anaconda社が配布しているAnacondaです。Anacondaは、科学技術計算やデータ解析に関連したライブラリを多く含んでいるので、Pythonをこれらの目的のために使いたいと思っている方は、利用を検討してみても良いでしょう。

STEP 3　インストールと注意点

最新のPythonは、本家のサイト（https://www.python.org）にあります。ここから、Python 3.x系の最新バージョンをダウンロードして、インストールしてください。付録AにWindows系OSのインストール手順を、付録BにmacOSでのインストール手順をまとめておきましたので、参考にしてください。

前述したように、科学技術計算やデータ解析などの分野でPythonを利用する予定があるときは、Anacondaを利用することもおすすめです。こちらも、付録にインストール手順をまとめておきました。標準のPythonをインストールした後に、Anacondaに乗り換えることも可能です。

なお、Pythonでプログラミングをはじめる前に、変更しておくべきコンピュータの設定がいくつかあります。まず、ファイルの拡張子は見えるようになっていたほうが良いでしょう。また、次の節で利用するOSのシェルで、直接pythonコマンドが入力できるように設定されている必要があります。具体的には、環境変数PATHに、pythonコマンドのファイルパスを追記する作業です。これは少しややこしいので、Pythonのインストーラーに任せることもできます。付録やインターネットの情報を参考に、設定してください。

以降、本書では主にWindows 10での画面を例に説明しますが、macOSやその他のWindows系OSでも、問題なく動作します。また、必要に応じて、脚注を参考にしてください。

> **注意** Windows系OSのAnaconda環境のPythonでは、タブキー（119ページ参照）の入力でエラーになることがあります。これは、333ページで紹介するJupyter Notebookを利用することで解決できます。詳しくは著者サポートサイト（10ページ）を参照してください。

> **補足** これから作るPythonのプログラムの拡張子は、.pyとするのが一般的です。この拡張子が見えないと、気がつかないうちに、file_name.py.txtのようなファイルを作ってしまうことがあるので、これを避けるという目的もあります。

コラム　環境変数

コンピュータのオペレーティングシステム（OS）は、巨大で複雑なソフトウェアです。また、OSの上ではさまざまなソフトウェアが同時に動きますので、これらが衝突せずに円滑に動くように、ちょっとした設定が必要なことがよくあります。環境変数は、このような役割を果たす仕組みです。「名前＝値」の形で、OSやソフトウェアの挙動を制御する小さな情報を保存しています。Windows、macOSともに環境変数を利用できますが、設定の方法が若干違います。Pythonのインストールでは、PATHという環境変数に変更を加えます。これが上手く設定されていないと、Pythonが起動できなくなる場合がありますので、付録などを参考に正しく設定してください。

ポイント　Pythonをコンピュータにインストールする

プログラムを作ろう！

コンピュータに指示を出す

プログラミングをする場合、いつもと少し違ったコンピュータの使い方を知る必要があります。最初はとまどうかもしれませんが、難しいことはありませんので、1つ1つ理解していけば大丈夫です。

STEP 1　GUIとCUI

　普段、私たちがパソコンのソフトウェアを使うときは、マウスとキーボードを使って操作します。特にマウスは、画面を見ながらボタンを押すだけでコンピュータに指示を出せるので便利です。このような目で見た通りにパソコンを操作できる環境を、グラフィカル・ユーザー・インターフェース（GUI：Graphical User Interface）と呼びます。これは、指示を出すユーザーとそれを待つコンピュータの間の橋渡し役（インターフェース）が、視覚的（グラフィカル）であるという意味です。

　実は、この他にもう1つ、古くから利用されてきたキャラクター・ユーザー・インターフェース（CUI：Character User Interface）という操作環境があります（図4）。CUIでは、コンピュータの画面には文字以外ほとんど何も表示されず、キーボードからコマンドと呼ばれる文字列を打ち込むことで、コンピュータに指示を出します。

補足　「character」は、英語で性格を意味する「キャラクター」と同じですが、「文字」という意味もあります。

▼ 図4　コンピュータに指示を出す2つの方法

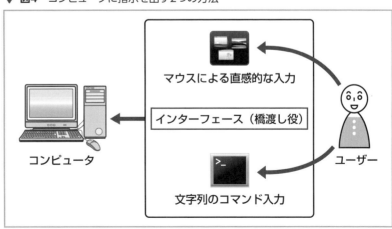

プログラミングをする場合、このCUIでのコンピュータの操作方法を知る必要があります。これが、コンピュータのいつもと違う使い方というわけです。Pythonを使ったプログラミングの準備運動もかねて、簡単なコマンドを使いながら、CUIの世界を体験してみましょう。

STEP 2　はじめてのCUI

まず、コマンドを入力してコンピュータを操作するための画面を開きます。この画面は利用している環境やソフトウェアによって呼び名が変わりますが、本書では統一して「シェル」と呼ぶことにします。

Windows 10の場合、「スタートメニュー」→「Windows PowerShell」→「Windows PowerShell」の順でクリックすると起動できます。macOSの場合は、「アプリケーション」→「ユーティリティ」→「ターミナル」です。図5のような、素っ気ない画面が現れます。

▶ シェル (shell)
シェルは英語で「貝殻」の意味です。OSを外から包み込んで、ユーザーの指示をOS内部に伝えるもの、というイメージが名前の由来です。

補足　WindowsでPowerShellが見付からない場合は、検索してみてください。また、コマンドプロンプトでの代用も可能ですが、入力するコマンドが若干異なります。

注意　Windows系OSのAnaconda（295ページ参照）をインストールした場合は、「スタートメニュー」→「Anaconda3」→「Anaconda Powershell Prompt」をクリックして起動してください。

▼ 図5　起動したばかりのシェル

注意　「ディレクトリ」と「フォルダ」は同じ意味です。

ためしに、「ls」（小文字のLとS）と入力してみましょう。続いて「Enter」キーを押すと、図6のように、ファイルの一覧が表示されます。使用しているOSによって出力に若干の違いがありますが、これは今いるディレクトリにあるファイルの一覧です。

▼ 図6　ファイル一覧の出力例

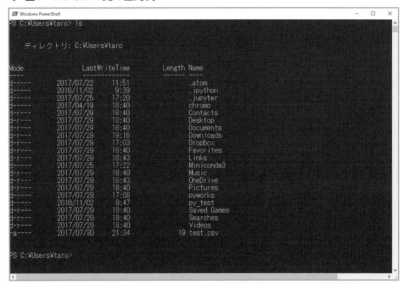

では、今どのディレクトリにいるのでしょうか？
「pwd」と入力して「Enter」キーを押すと、今どのディレクトリにいるのかが表示されます。今いるディレクトリのことを、**カレントディレクトリ**と呼びます。

今は、シェルを起動したばかりでディレクトリを移動していません。シェルを起動した直後にいるディレクトリのことを、**ホームディレクトリ**と呼びます。この時点では、ホームディレクトリとカレントディレクトリが同じ場所になっているわけです。

▶ カレントディレクトリ
カレント（current）は、英語で「現在の」という意味です。

最初にいるところは「ホームディレクトリ」
今いるところは「カレントディレクトリ」

STEP 3　作業用のディレクトリを作る

これからPythonを学んでいくにあたって、プログラミングの作業をするディレクトリを決めておきましょう。GUIの画面を使ってディレクトリを作ることもできますが、せっかくですのでシェルを使って作ってみます。

ディレクトリを作成するためのコマンドは、「mkdir」です。これは、make directoryの略です。

新しく作るディレクトリの名前は、「pyworks」とします。シェルで次のように入力して、「Enter」キーを押します。mkdirとpyworksの間はスペースキー

補足　pyworksにあまり深い意味はありません。Python関連の仕事（works）は、みんなここでやりましょうというくらいの意味です。

を押して1文字分空けましょう。

注意 「>」はシェルが入力を待っていることを示す記号です。macOSの場合は、「$」の後にコマンドを入力します。

```
> mkdir pyworks ⏎
```

実行した後、lsコマンドで確認してみましょう。pyworksディレクトリができていると思います。

STEP 4　ディレクトリを移動する

今作ったpyworksディレクトリへ移動するには、どうしたら良いでしょうか？

ディレクトリ移動のためのコマンドは、「cd」です。これは、change directoryの略です。cdに続いて移動先ディレクトリを指定し、「Enter」キーで実行します。

```
> cd pyworks ⏎
```

これで、pyworksディレクトリへ移動できました。カレントディレクトリが変わったことになります。作ったばかりのディレクトリですので、lsでファイルの一覧を表示しても空っぽでしょう。

もとのディレクトリに戻るには、次のコマンドを実行します。これは、1つ上のディレクトリに移動するコマンドです。

補足 ドット(.)2つで、1つ上のディレクトリを表します。

```
> cd .. ⏎
```

これは、通常Windowsのエクスプローラーや macOSのFinderを利用して行っているディレクトリ間の移動をコマンドでやっているだけです。図7のように、ディレクトリの階層構造をイメージするとわかりやすいでしょう。

▼ 図7　ディレクトリの階層と移動方法

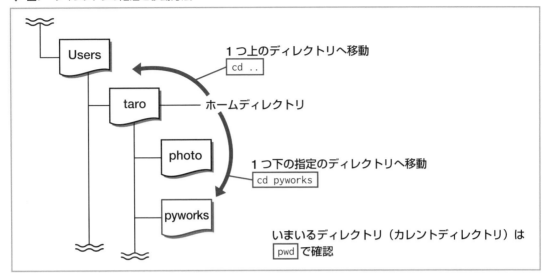

　Python関連の仕事は、いつもpyworksディレクトリですることにしましたので、別のディレクトリに移動した後は、pyworksディレクトリに移動しておきます。

```
> cd pyworks ⏎
```

ポイント

今いる場所はpwdコマンド
ファイルの一覧はlsコマンド
ディレクトリ作成はmkdirコマンド
ディレクトリの移動はcdコマンドに続けて移動先のディレクトリ

STEP 5　Pythonの起動と終了

　シェルは、オペレーティングシステムに命令を渡すための橋渡し役ですが、実はPythonにもシェルがあります。これは、「Pythonインタラクティブシェル」と呼ばれます。試しにシェルから「python」と入力して「Enter」キーを押してみましょう。Pythonのインストールがうまくいっていれば、バージョンの情報などが表示された後、コマンドを入力する行の先頭が、「>>>」に変わるはずです（図8）。

```
> python ⏎
```

注意 Python 3.xが起動していることを確認してください。macOSではPython 2.xが起動してしまうことがありますので、その場合はコマンドを「python3」としてください。

▼図8　Pythonインタラクティブシェルの起動画面

見た目はあまり変わりませんが、大きな違いがあります。これから先は、入力した命令を受け取って処理するのが、オペレーティングシステム（OS）ではなく、Pythonになっているという点です。

Pythonインタラクティブシェルを抜け出すには、「quit()」と入力して「Enter」キーを押します。

補足 quitの後に、括弧を付けるのを忘れないようにしてください。

```
>>> quit()
```

コラム　Pythonインタラクティブシェルが起動しないときは

Pythonインタラクティブシェルを起動しようとすると、以下のメッセージが出ることがあります。

> 'python'は、内部コマンド外部コマンド、操作可能なプログラムまたはバッチファイルとして認識されていません。

Windowsでこのようなエラーメッセージが表示される場合は、付録Aの環境変数Pathの設定がうまくいっていない可能性があります。もう一度コントロールパネルを開いて確認して、シェルを再起動してからpythonと打ち込んでみましょう。

これで、シェルからPythonインタラクティブシェルを起動して、終了することができるようになりました。

Pythonインタラクティブシェルは、Pythonのプログラミングを1行ごとに試せる便利な環境です。次の節では、このPythonインタラクティブシェルを使って、Pythonに慣れるところからはじめていくことにします。

ポイント　OSのシェルから「python」とだけ入力して「Enter」キーを押すと、Pythonインタラクティブシェルが起動する

1-5 プログラムを作ろう！ インタラクティブシェルではじめるPython

英語や古文の授業も、はじめに文法から教わると、小難しくて嫌いになってしまうのは筆者だけでしょうか？ 何事も最初は実際にやってみるのが一番です。まずは気軽にプログラミングを体験しましょう。

STEP 1　最初の一歩

注意 あらかじめ、「01-04 コンピュータに指示を出す」のSTEP5の手順でPythonインタラクティブシェルを起動しておきましょう。macOSで、Anacondaではなく、標準のPythonをインストールした場合は、コマンドを「python3」としてください。

難しいことは考えず、気軽にPythonのインタラクティブシェルを利用しながら、Pythonの世界に入っていきましょう。たとえば、簡単な数式を入力して「Enter」キーを押すと、Pythonがその答えを計算してくれます。

```
>>> -2 + 2
0
>>> 2 * 2
4
```

割り算は、"/"記号を使います。

```
>>> 4 / 2
2.0
```

そのまま2と返してくれても良いような気がしますが、2.0になっています。この違いは、Pythonが整数と小数を区別するために起こります。Pythonでは、小数点以下の数字が書かれているときには、その数字は小数として扱われます。つまり、2は整数で、2.0は小数です。4は2でちょうど割り切れますが、割り算の結果は割り切れることのほうがまれです。ですから、答えを小数で返す仕組みになっているのです。

次は2を4で割ってみましょう。

```
>>> 2 / 4
0.5
```

このように、結果が1より下なら違和感がありませんね。整数と小数が区別されていても、そこを気にしなければ、Pythonを電卓として利用することができ

ます。

　計算の順番は、普通の数式と同じように丸括弧()で指定できます。その他、計算で使える記号を表1にまとめておきます。

```
>>> (1+5)/(2+3) ↵
1.2 ↵
>>> 1+5/2+3 ↵
6.5 ↵
```

> 補足　コンピュータが行う計算のことを、特に演算と呼びます。同様に、コンピュータが計算するときに使う記号のことを、演算子と呼びます。

▼表1　Pythonの主な演算子

演算子	意味	例
＋	足し算	2＋4＝6
－	引き算	2－4＝－2
＊	かけ算	2＊4＝8
／	割り算	2／4＝0.5
＊＊	累乗	2＊＊4＝16
％	剰余（割り算の余り）	8％3＝2

　Pythonに慣れるためにも、ちょっとした計算をするときにPythonインタラクティブシェルを使ってみると良いでしょう。

STEP 2　文字列を扱ってみる

▶文字列
Pythonでは、計算に使う数（整数や小数）以外の文字は「文字列」として扱われます。つまり、普段私たちが会話に使っている言葉は、すべて文字列というわけです。

　Pythonでは、数字の他に、文字列も扱えます。適当な文字列を入力して、「Enter」キーを押してみましょう。

```
>>> abc ↵
Traceback (most recent call last):
  File "<stdin>", line 1, in <module>
NameError: name 'abc' is not defined
```

　あれ？　意味不明な文章がたくさん出てきました。Error（間違い）という単語も見えます。どうやら、うまくいっていないようです。

　実は、Pythonで文字列を扱うときは、シングルクォーテーション（'）か、ダブルクォーテーション（"）を使って、入力したい文字列を囲む必要があります。どちらを使っても構いませんが、前後の記号は統一してください。

> 補足　文字列を囲むための'や"などの記号のことを、「引用符」と呼びます。

```
>>> 'abc' ↵
'abc'
```

今度は、abcを文字の並びとしてPythonが解釈してくれました。

なお、最初に入力したような引用符で囲まれない文字列にも重要な使い道がありますが、それは次の章で詳しく説明します。

STEP 3　日本語を入力してみる

補足　日本語に限らず世界中の言語を扱うことが可能です。

Pythonでは、もちろん日本語の文字列も扱えます。なお、日本語を入力するときは、引用符を全角で入力しないように注意してください。

```
>>> 'あいうえお' ↵
'あいうえお' ↵
```

Pythonインタラクティブシェルは親切なので、入力した文字列をそのまま画面に表示してくれますが、画面に何らかの表示をしたい場合は、printという命令（コマンド）を利用します。printに続いて、表示したい文字列を丸括弧で囲んで入力してみましょう。

```
>>> print('あいうえお') ↵
あいうえお ↵
```

printを使うと、引用符が取れて、文字列の部分だけが表示されます。printや日本語の扱いについては、後の章で詳しく説明します。

STEP 4　データをまとめてみる

実際のプログラミングでは、いくつかのデータをまとめて扱うことができると便利なことがよくあります。Pythonでは、数字や文字列をカンマ(,)で区切って並べ、全体を角括弧[]でくくると、1つのまとまったデータとして扱われます。これを、「リスト（list）」と呼びます。試しに、1つリストを作ってみましょう。

```
>>> [1,2,3,4] ↵
[1, 2, 3, 4]
```

これは、1から4までの4つの整数をひとまとめにしたリストです。リストは、いくつかのものを1つにまとめて収納するための仕組みです。ロッカーに順番に

物を詰めていくイメージに似ています（図9）。

▼図9　リストはロッカーに物を収納するイメージ

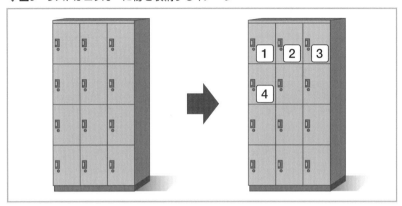

文字列をいくつかまとめて、1つのリストにすることもできます。

```
>>> ['one','two','three']
['one', 'two', 'three']
```

リストはたくさんの機能を持っていて、Pythonのプログラミングには必須の道具ですので、第4章で詳しく説明します。

STEP 5　モジュールを読み込む

　Pythonには、プログラミングで多くの人々が共通して必要とする機能が、あらかじめ組み込まれています。たとえば、日付の計算や、データの圧縮や解凍、インターネット上のホームページからデータを取得する方法など、たくさんの機能が備わっているのです。これらの機能はバラバラになっていると使いにくいので、機能ごとに**モジュール**という単位でまとまっています。

　ところが、インタラクティブシェルが起動した直後は、モジュールのほとんどが使えない状態になっています。モジュールを使うには、どんな機能が使いたいのかをPythonに指示する必要があります。

　数あるモジュールの中から、ここでは、「random」というモジュールを読み込んでみましょう。randomモジュールを読み込むことで、Pythonにその都度結果が変わるランダム（でたらめ）な処理をさせることができるようになります。

　モジュールを読み込むには、importという命令を使います。importの後にスペースキーを1回押して、続けてモジュールの名前を入力します。

補足　モジュールが使えなくなっている理由は、インタラクティブシェルの起動時間を短縮するためや、消費するメモリの量を少なくするためです。

```
>>> import random
```

「Enter」キーを押した後、何もメッセージが出なければ、モジュールの読み込みは成功です。

STEP 6　randomモジュールを使ってみる

randomモジュールにはいろいろな機能がありますが、ここでは、リストの中から無作為に1つを選ぶ機能を使ってみましょう。この機能を使うと、サイコロを振って1から6までの数字から1つを決めるのと同じことを、Pythonでプログラミングできます（図10）。

▼ 図10　サイコロを振る動作をコンピュータの中で再現

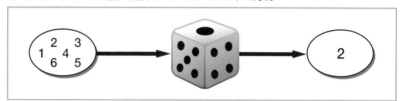

これには、randomモジュールの中の「choice」という命令を使います。書き方が難しいので、以下の例を見ながらそのまま打ち込んでみてください。randomの後にドット（.）を入力して、続けてchoiceと書きます。その後、どのリストから選ぶかを指定する必要がありますので、丸括弧()の中に、1から6までの整数のリストを角括弧[]とカンマ(,)で区切って書きます。

```
>>> random.choice([1,2,3,4,5,6])
2
```

補足　>>>が表示されているときに上矢印キーを押すと、前に入力した命令文がそのまま出てきます。同じ命令を繰り返し実行するときに便利です。macOSでは、「Ctrl」+「P」キーも使えます。

ここでは結果が2になりましたが、数字はランダムに選ばれるので、みなさんが実際に実行した結果が違っていても問題ありません。もう一度同じ命令文を実行すると、きっと結果が変わるはずです。

 モジュールを読み込むことで、Pythonのたくさんの便利な機能を使うことができる

1-6 はじめてのプログラムを書く

プログラムを作ろう！

この章の最後に、最初のPythonプログラムを作ってみましょう。ここで作るのは、「じゃんけん」プログラムです。実行すると、「goo」「choki」「pa」のどれかがランダムに画面に表示されます。

STEP 1　プログラムとは？

　日頃コンピュータで使っているワードプロセッサやメールソフトは、それぞれが別々のプログラムです。プログラムは、小さな命令がたくさん集まって、実行可能なファイルになったものです。この小さな命令を「コード（code）」と呼ぶことがあります。Pythonでいうと、インタラクティブシェルで入力する1行の命令文に相当するものです。

　Pythonのプログラムは、インタラクティブシェルで入力する短いコードを集めて、1つにまとめたものです。これを、「ソースコード」と呼びます。また、ソースコードが記録されたファイルのことを、特に「スクリプトファイル」と呼ぶこともあります。Pythonのソースコードファイル（スクリプトファイル）は、.pyという拡張子を付けたファイル名で保存します。

　こうして保存されたPythonのスクリプトファイルは、OSのシェルから実行します。たとえば、script.pyという名前で保存されたプログラムを実行するときは、OSのシェルで「python script.py」と入力します。こうすることで、スクリプトファイルに書き込まれた複数のコードが一気に実行されます（図11）。

> 注意　拡張子については、付録A、Bを参照してください。

> 補足　OSのシェルの使い方は19～23ページを参照してください。

コラム　ソースコードとスクリプト

　「ソースコード」と「スクリプト」という2つの言葉は、Pythonでは同じ意味で使われることがあります。これには、Pythonならではの理由があります。

　たとえばC言語では、コードをまとめて作ったソースコードに、さらにコンパイルという作業を行って、プログラムを作成します。つまり、ソースコードのままではプログラムとして実行できません。一方Pythonでは、ソースコードのファイルがそのままプログラムになります。

　Pythonのようなコンパイルという作業を必要としない言語を「スクリプト言語」と呼び、そのプログラムは「スクリプト」と呼ばれます。スクリプト（script）は英語で、「脚本・台本」といった意味があります。まさにプログラムの動作を指示する台本というわけです。

▼ 図11　Pythonのコードの2つの実行方法

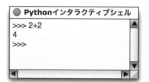

Python インタラクティブシェルで実行

インタラクティブシェルの上で直接1行ずつ実行する

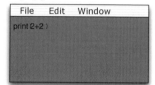

ファイルを作成してからまとめて実行

script.py

テキストエディタでファイルを作成し保存（プログラムの作成）

OSのシェルからファイルを実行する

ポイント
Pythonのコードをまとめてスクリプトファイルに保存すると、「プログラム」が完成する
スクリプトファイルは、OSのシェルから直接実行できる

STEP 2　テキストエディタを準備しよう

　インタラクティブシェルで1行ごとに入力していたコードを、1つのファイルに保存するには、テキストエディタという種類のソフトウェアを使います。テキストエディタとは、文字だけでできた文章（テキスト）を作成、編集するためのソフトウェアです。ワードプロセッサとの違いは、文字の大きさやフォントの種類、文章レイアウトなどの装飾データを扱えない点です。

　テキストエディタは基本的なソフトウェアですので、Windowsでは「メモ帳」、macOSでは「テキストエディット」といった名前で、OSに最初から付属しています。ただ、テキストエディタはプログラミングにも欠かせない道具なので、プログラミング作業を効率的に行える機能を備えた製品も存在します。OS標準のテキストエディタを使ってプログラミングをすることもできますが、本書では、Pythonでのプログラミングに適したテキストエディタを使うことをお勧めします。

注意 テキストエディタは大規模で本格的なソフトウェアですので、製作には多大な労力を要します。有料版がある製品を長く使うようであれば購入を検討しましょう。

日頃使い慣れたテキストエディタがある場合は、そのままで構いません。もしエディタの選択に迷った場合は、マルチプラットフォームで使える「Visual Studio Code」や「Atom」が、Pythonにも対応しておりおすすめです。どちらもオープンソースのフリーソフトウェアです。本書の以降の説明では、Visual Studio Codeを例に用います。付録A、Bに、インストール方法などをまとめていますので、事前に準備しておきましょう。

STEP 3　最初のPythonプログラミング

それでは、インタラクティブシェルを使わずに動くPythonプログラムを作ってみます。

先ほどpyworksというディレクトリを作成したので、Pythonのファイルがすべてここに集まるように、ファイルの保存先はこのディレクトリにしましょう。

新しくプログラムを作るときは、ファイル名を付けなければなりません。そのプログラムの目的や動作を表現した名前が良いでしょう。Pythonのプログラムには拡張子「.py」を付けるので、今回は「janken.py」というファイル名で保存します。

● テキストエディタをPythonモードにする

テキストエディタを起動して、プログラムを入力しましょう。ここでは、「Visual Studio Code」の画面を使って解説します。

まず、テキストエディタをPython向けに設定します。Visual Studio Codeの場合は、図12に示すように、ウィンドウの右下の「プレーンテキスト」となっている部分をクリックして、「言語モードの選択」から「Python」を選びます。

補足 「python」と入力して検索すると、すぐに項目を探せます。また、Atomでも同じような操作方法で、Pythonモードの設定が可能です。

▼ **図12**　Visual Studio CodeでのPythonモードの選び方

ソースコードを入力する

エディタに入力するソースコードは、以下の4行です。わからない箇所もあると思いますが、間違えないように慎重に入力してください。

▼ じゃんけんプログラム（ファイル名：janken.py）

```python
import random
data = ['goo','choki','pa']
data_choice = random.choice(data)
print(data_choice)
```

> 補足 この4行のプログラムは、インタラクティブシェルで上から順に1行ずつ入力して実行することもできます。

Visual Studio CodeやAtomを使っている場合、入力している途中でimportやprintの色が自動的に変わったと思います。こうした機能は、Pythonに対応したテキストエディタにだけ存在するものです。プログラムが見やすくなり、入力ミスもわかりやすくなるため、非常に便利です。ソースコードの入力が終わったら、図13を参考に名前を付けて保存します。お使いのテキストエディタによって表示が違いますが、保存するディレクトリと、ファイル名（janken.py）を確認してください。

> 注意 エディタによっては、「random.」までを入力したところで、その後の候補の一覧が表示されることもあります。その場合、候補からの選択は、「Tab」キーか「Enter」キーで行います。場合によっては、「Enter」キーの入力が候補の選択として機能し、思うように改行されないことがあるかもしれませんので、注意してください。

▼ 図13　janken.pyの保存

> 補足 Windows 10環境でのVisual Studio Codeの場合、メニューから「ファイル」→「名前を付けて保存」をクリックしてダイアログボックスを表示し、保存するディレクトリは「PC」→「C:」→「ユーザー」→「ユーザー名（本書はtaro）」→「pyworks」の順にたどります。「ファイル名」欄に「janken.py」と入力して、「保存」をクリックします。

プログラムを実行する

ファイルを保存したら、早速実行してみましょう。19〜23ページを参考にOSのシェルを起動して、pyworksディレクトリに移動し、プログラムを実行します。

> 補足 インタラクティブシェルを起動している場合は、24ページを参考に終了しておいてください。

> 補足 カレントディレクトリがpyworksになっている場合は、そのままで大丈夫です。

「python」に続けて半角スペースを入力し、さらに「janken.py」と入力して「Enter」キーを押してください。

注意 macOSで、Anacondaではなく、標準のPythonをインストールした場合は、「python3」とします。以後、誤ってPython 2.xを呼ばないように気を付けてください。

```
> python janken.py ⏎
```

何度も実行すると、その都度結果が変わります（図14）。なお、このような結果にならない場合、コードの打ち間違いの可能性がありますので、カンマ（,）や引用符（'）などに気をつけながら、間違いを探してみてください。

▼ **図14** janken.pyの実行結果

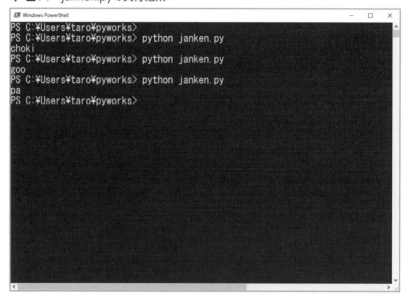

STEP 4　じゃんけんプログラムの解説

janken.pyの中にあるコードについて簡単に解説しておきます。
上から1行ずつ読んでいきましょう。

```
import random
```

1行目は、この章でも出てきたrandomモジュールを読み込んでいます。これには、importという命令が使われます。この1行で、ランダムな動きを行う機能を使えるようになります。

```
data = ['goo','choki','pa']
```

補足 =（イコール）という記号を使ったコードははじめて出てきました。次の章で詳しく学びます。

2行目は、データの準備です。じゃんけんで「goo」「choki」「pa」のどれかを表示させるために、この3つの文字列データを用意しておきます。このデータを27ページで解説したリストに詰め込んで、＝を使って、dataという名前を付けておきます。

```
data_choice = random.choice(data)
```

3行目は、2行目で用意したリストから、無作為に1つデータを選んでいます。ここで、random.choiceという命令を使っています。選ばれた結果は、data_choiceという名前で後から参照できるようになります。

```
print(data_choice)
```

4行目は、printという命令を使って、画面にじゃんけんの結果を表示しています。

Pythonのプログラムは、テキストエディタを使って作る

まとめ

- Pythonは、初心者でも習得しやすく、拡張性に優れていて、本格的なソフトウェアの作製にも使える言語です。
- ソフトウェアのインターフェースは、大きく分けて、マウスによる視覚的な操作が可能なGUIと、キーボードでコマンドを打ち込むことで操作するCUIの2つがあります。
- Pythonは普通のソフトウェアと同じようにコンピュータにインストールでき、インタラクティブシェルを起動すればコードを1行ずつ実行できます。
- 複数のコードをまとめてスクリプトファイルを作ると、OSのシェルからプログラムとして実行することができます。

練習問題

1. Pythonインタラクティブシェルを起動してみましょう。
2. シェルのようなキーボードで操作するインターフェースを、 ① と呼びます。
3. Pythonインタラクティブシェルを使って、2の10乗を計算してみましょう。
4. Pythonのスクリプトファイルの拡張子は、 ① にするのが一般的です。

第2章

プログラムの材料と道具

この章からは、Pythonでのプログラミングについて詳しく学んでいきます。まず、プログラムの材料（データ）には、種類の違いがあるということを理解しましょう。その後、関数という、データを扱う便利な道具について紹介します。

プログラムの材料と道具

この章で学ぶこと

1章では難しいことは後回しにして、ひとまずPythonを体験してみましたが、ここからは少しずつプログラミングの仕組みを学んでいきましょう。まずは、材料と道具というお話からです。

POINT 1　モノを作るには材料と道具が必要

たとえば、木製のイスを作ろうと思ったら、材料になる木と釘、道具としてはノコギリや金槌が必要です。同じように、1軒の家を建てるためには、材木や窓ガラスなどの材料とともに、それらを加工したりつなぎ合わせたりするための道具が必要です（図1）。

▼ 図1　モノを作るには材料と道具が必要

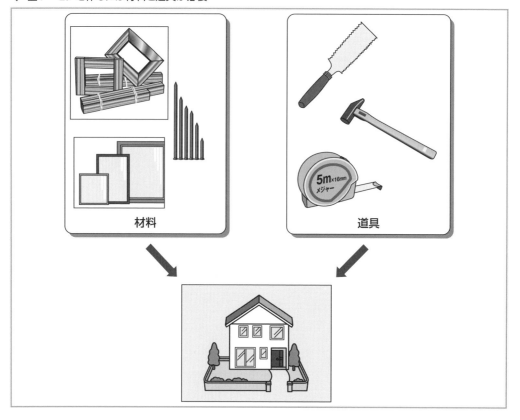

プログラミングも、プログラムという作品を完成させる作業ですので、イスや家と同じ"モノ作り"と考えることができます。プログラムにはイスや家といったわかりやすい実体がないので違和感があるかもしれませんが、もちろんプログラムを作るのにも、材料と道具が必要です。この章では、プログラミングにおける材料と道具について、順番に理解していきましょう。

POINT 2　データと型

　プログラミングにおいて基本となる材料とは、文字列や数字といった"データ"です。家を建てる場合の木と窓ガラスが全く違う材料なのと同じで、データにもいろいろな種類があります。こうした種類の違いは、データの型（かた）と呼ばれていて、Pythonでもはっきり区別されています。
　この章の前半では、こうしたデータの型について、詳しく学びます。

POINT 3　関数

　後半は、道具のお話です。家を建てるときに使われる道具には、ノコギリや金槌などいろいろなものがありますが、Pythonにもプログラミングに役立つ道具がたくさんあります。その1つが、関数（かんすう）と呼ばれるものです。関数の基本的な使い方を知ってから、よく使われる関数をいくつか紹介します。

POINT 4　メソッド

　釘は金槌を使って打ち込みますが、ネジにはドライバーを使います。このように、材料と道具には密接な関係があります。プログラミングでも、データの型と関数を別々に考えることはできません。あるデータ型だけが持っている関数が存在し、これはメソッドと呼ばれます。メソッドについては次の章で詳しく学習しますので、いくつかの例を交えながら、その基本を理解しておきましょう。

プログラムの材料と道具

材料の種類とデータ型

木製のイスを作るときの材料として思い浮かぶ"木"と"釘"は、だいぶ性質が違います。Pythonプログラミングにおいても、こうした材料の違いを意識することが重要です。

STEP 1　性質の違うモノは、違う型になる

　1章では、Pythonでプログラムを作るための一通りの作業の流れを学習しました。この中で、整数や文字列、さらにはリストといった聞き慣れない言葉が出てきました。これらはいったい何なのでしょうか？

　たとえば、一軒の家を建てるには、いろいろな材料が必要です。家の基本的な構造を作るためには太い材木が使われますし、窓にはガラスをはめ込むでしょう。これらはどれも不可欠な材料ですが、木とガラスはずいぶん性質が違います。木はノコギリで切れますが、ガラスは切れません。ガラスをきれいに切断するには特別な道具が必要でしょう。このように、材料を種類ごとに分け、材料ごとに適した道具を使ったほうが、モノ作りが効率的に進みそうです。(図2)。

▼図2　材料ごとに適切な道具がある

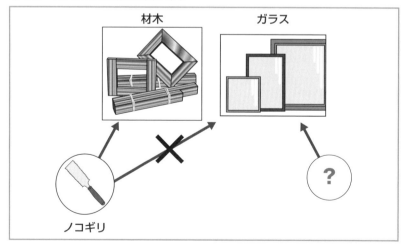

　材料にいろいろな種類があるという点は、プログラミングでも同じです。建物でいうところの、材木やガラスといった材料の種類が、1章で出てきた整数や

文字列、リストに相当します。

　Pythonでは、1や100といった整数のデータと、'abc'といった文字列のデータの違いを特に、データの**型**が違うと言います。データの種類を表すために、整数型や文字列型という言葉を使います。

　ところで、材木やガラスの違いは外見からわかりますが、整数型と文字列型はどこで区別するのでしょうか？ また、型には他に、どのようなものがあるのでしょうか？ 家を建てるときの例を見ながら、さらに学んでいきましょう。

> 注意 数字はそのまま書いているのに、文字列は引用符で囲んでいるところに注目してください。

データの型とはいったい何だろう？
型にはどんな種類があるのだろう？

STEP 2　基本の材料と応用の材料

　木造の家を1軒建てる場合に必要な材料について、もう少し詳しく考えてみましょう。先ほど、材木とガラスを例に挙げました。この他にも、屋根や床になる材料や、それらを接続するための釘やネジが必要です。すぐに思いつくこれらの材料は、家を建てるときの基本的な材料と考えることができるでしょう。その他にも、最近の家は太陽光発電装置を備えていたり、玄関にはカメラ付きのインターフォンが内蔵されていたりするかもしれません。これらは、あると便利な設備ですが、どちらかというとオプションといったイメージが強いでしょう（図3）。

▼ 図3　家を建てるための基本的な材料と応用的な材料

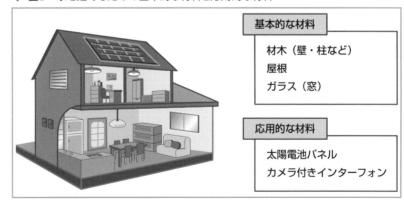

　Pythonでも、基本的な材料と応用的な材料（オプション）は区別されています。第1章で使った、整数や文字列などのデータ型は、家の例でいうと材木やガラスに相当する、基本的な材料です。これらは非常によく使うデータ型なの

▶組み込みデータ型
Pythonにはじめから組み込まれているデータ型、という意味です。組み込みデータ型は、使う前にimportでモジュールを読み込む必要がありません。

で、**組み込みデータ型**という名前が付いています。組み込みデータ型は、比較的単純でそれほど種類は多くありません。

一方、Pythonには組み込みデータ型以外にもたくさんのデータ型が用意されています。これらは、太陽電池パネルやカメラ付きインターフォンに相当するもので、種類も膨大でそれぞれのデータ型の機能も豊富です。

基本的な材料として、組み込みデータ型が重要

補足 2や2.0、または'2'といった直接的な表現のことを、それぞれの型の「リテラル」と呼びます。

組み込みのデータ型の場合、実際にデータを用意するときの書き方で、Pythonに型の違いを区別してもらいます。具体的な例で見ていきましょう。同じように見える2という数字も、2と書くと整数型のデータになり、2.0では小数型のデータになります。また、引用符で囲んで、'2'とすると、文字列型のデータになります。

一方、組み込みデータ型以外は、直接そのデータ型の名前を指定して、Pythonに区別してもらいます。これらのオプション的なデータ型については、次の章であらためて説明します。図4に、組み込みのデータ型とその書き方をまとめておきます。いまはまだよくわからなくても、大丈夫です。この図は、後で組み込みデータ型の書き方を忘れてしまったときに、参考にしてください。

補足 この他にも、ファイル型という組み込みのデータ型があります。これについては6章で詳しく学びます。

▼ 図4　Pythonの組み込みデータ型とその書き方

> **ポイント** 組み込みデータ型は、データの書き方だけで種類（型）を区別できる

STEP 3　材料に名前を付ける

　組み込みデータ型について詳しく学ぶ前に、材料に名前を付ける方法を知っておきましょう。

　自分で作る家具セットやプラモデルなど、部品を順番に組み立てる必要がある製品を購入すると、図5のような組み立て手順書が入っているのを、みなさんも見たことがあるかもしれません。

▼ 図5　組み立てのための説明書の例

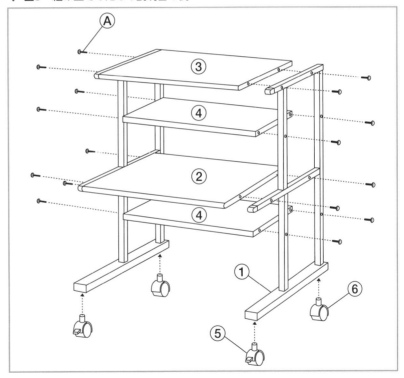

　こういった説明書では、組み立ての各段階でどの部品を使うのかがわかるように、1つ1つの部品に番号や名前が付けられていることがよくあります。プログラムでも、部品となる数値や文字列といったデータに名前を付けられると便利です。この仕組みが、**変数**と呼ばれるものです。

▶引用符
シングルクォーテーション（'）またはダブルクォーテーション（"）のことです。

補足 インタラクティブシェルは、pyworksディレクトリに移動してから起動してください。具体的な操作方法は19〜23ページを参照してください。

注意 ＝の前後の空白は、式を見やすくするための工夫です。空白を入れずに入力しても問題ありません。

変数を用意するときに使われるのが、引用符を付けない文字列です。これと等号（＝）を続けて使うと、データに名前を付けることができます。次の例は、3という整数データに、x（エックス）という名前を付けているところです。インタラクティブシェルを起動して試してみてください。

```
>>> x = 3 ↵
```

これを実行すると、3という整数型のデータに、xという名前を付けることができます。このxを、変数と呼びます。

では、この変数を使って、簡単な計算をしてみましょう。

```
>>> x + 3 ↵
6
```

xは、3という整数に付けた名前なので、x+3は、3+3と同じ意味になり、答えは6になります。変数を作ることは、材料に名前を書いた名札（タグ）を貼るようなものだと考えると、わかりやすいでしょう（図6）。

▼ 図6 変数を使ってデータに名前（タグ）を付ける

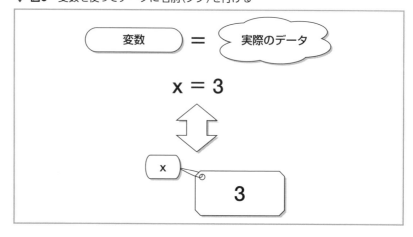

変数を使うと、データに名前を付けることができる

STEP 4　変数名の付け方

補足　Python 3からは、日本語の名前も付けることができるようになりました。ですが、海外の方でも読めるように、英数字の名前にすることをおすすめします。

変数の名前は自由に付けることができますが、変数に使うことができる文字の種類は、**アルファベット、数字、アンダースコア(_)** だけです。変数名には英単語を使うほうが見た目が良いですが、もちろんローマ字で日本語表記をしても構いません。

変数名を1つの単語で表現できない場合は、複数の単語をアンダースコア(_)でつなげます。たとえば、「高級リンゴ」を表すなら、「premium_apple」や「koukyu_ringo」とするのが良いでしょう。

また、変数名は、アルファベットの大文字と小文字が区別されます。そのため、xyzとXYZは違う変数になります。さらに、数字を変数名の先頭に使うことはできません。つまり、x5は大丈夫ですが、5xという変数は作れません。

補足　プログラムを書くとき、適切な変数名を考えることは、実はかなり難しい作業です。これは、たくさんのプログラムを書いていくうちに身に付いていく技の1つです。

この他、Pythonのプログラムを書くときに使われる特別な単語は、そのままでは変数にすることができません。たとえば、is、not、if、forなどの単語です。これからPythonの学習が進んでいくと、これらの単語に特別な意味があることがわかってきますので、今は覚えなくても大丈夫です。ちなみに、禁止されている単語を変数名の一部に使うことは可能です。たとえば、以下のようなコードはエラーになりません。

```
>>> is_not_a = 5
```

それでは、組み込みデータ型について1つ1つ学習していきましょう。

STEP 5　整数型

補足　整数を英語にすると「integer」なので、Intはその省略形です。

小数点を含まない数字は、すべて整数型になります。正の数の他、0や負の数も含まれます。Pythonでは、int（イント）型という名前が付いています。いくつか適当な整数を入力して試してみましょう。

```
>>> 1
1
>>> 0
0
>>> -100
-100
```

整数型では、扱える数の大きさに制限はありません。

次は変数を使って試してみましょう。ここに、1個100円のリンゴがあるとし

ます。「apple」という変数名を用意して、100という整数型のデータに名前を付けるには、次のようにします。

```
>>> apple = 100 ⏎
```

同じように、1個60円のみかんがあるとして、orangeという変数を用意しましょう。

```
>>> orange = 60 ⏎
```

この2つの変数を使って、少し計算をしてみましょう。リンゴを3個、みかんを2個買うと、420円になります。

```
>>> apple * 3 + orange * 2 ⏎
420
```

変数の良いところは、参照している値をすぐに変更できるところです。たとえば、みかんが不作で、1個120円に値上がりしてしまったとします。そんなときは、変数の値を変更しましょう。

```
>>> orange = 120 ⏎
>>> apple * 3 + orange * 2 ⏎
540
```

同じ計算式の答えが、値上がりに対応して540円に変わりました。

整数型（int型）は、整数を表現するためのデータ型

補足 もちろん、ringo、mikanなどのように、ローマ字表記の変数名でも構いません。これは、好みの問題といったところでしょう。

補足 Pythonの計算も普通の算数と同じように、かけ算や割り算が、足し算や引き算に優先して行われるので、括弧はなくても大丈夫です。

補足 インタラクティブシェルでは、上矢印キーを押すと、それまでの入力履歴を表示できます。macOSの場合は、さらに「Ctrl」+「P」というキーも使えます。古い履歴からより新しい履歴に戻るには、下矢印を押します（macOSでは「Ctrl」+「N」も使えます）。

STEP 6　小数型

小数型は、小数点を含む数字を表すデータ型です。小数点入りの数字を書くと、そのデータは小数型になります。Pythonでは、float（フロート）型という名前が付いています。次の入力例は、すべて小数型になります。

補足 小数は、英語で書くと「decimal」ですが、floatはコンピュータ用語の「浮動小数」を表す単語です。

```
>>> 0.5 ⏎
0.5
>>> -0.5 ⏎
-0.5
>>> 12.0 ⏎
12.0
```

なお、12.と書いても12.0と解釈され、小数型として扱われます。もちろん、意味は同じです。

STEP 7　なぜ小数型があるのか?

ところで、整数と小数は同じ数字のデータなのに、なぜPythonの中ではそれぞれ別の型として区別されるのでしょうか? これには、少々複雑な事情があります。

数学的な話になりますが、整数と違って、小数は常に無限と隣り合わせです。具体的に説明しましょう。たとえば、分数の「3分の1」を小数で表現すると、0.3333333...となり、小数点以下に3が無限に続きます。コンピュータのメモリは有限なので、実はこうした無限の数字を簡単に扱うことができません。そのため、Pythonでは整数と小数をまったく違う方法で扱う仕組みになっています。

整数型と小数型がずいぶん違うことを、次のような例で体験することができます。

```
>>> 0.1 + 0.1 + 0.1 ⏎
0.30000000000000004
```

補足 インターネットで、"浮動小数点 IEEE"というキーワードで検索すると、参考になるサイトが見つかります。

補足 Pythonでもっと精密な計算をしたい場合は、小数型ではなく、Decimalというデータ型を使います。

答えは0.3になるはずですが、結果が微妙にずれていることに気がついたでしょうか? 整数の場合は入力したままの数字がそのままデータとして扱われますが、実は小数はそうではありません。小数型では、小数点以下に発生するかもしれない無限をうまく扱えるように、内部に工夫が施されているのです。

この仕組みの詳細は割愛しますが、これに従うと、0.5であればうまく表現できますが、0.1ではこの工夫の影響が出てしまい、非常に小さな誤差が生まれてしまいます。よほどの精度が要求される計算でもない限り影響はありませんが、Pythonの内部で整数型と小数型が違う仕組みで扱われていることは覚えておきましょう。

小数型 (float型) は、小数を表現するためのデータ型。整数型とは違う仕組みで計算される

STEP 8　文字列型

　文字列型は、その名の通り文字を表現するためのデータ型です。文字列型の書き方は、シングルクォーテーション（'）またはダブルクォーテーション（"）で、表現する文字列を囲みます。どちらを使っても構いませんが、頭とおしりで記号を統一する必要があります。
　数字も、引用符で囲んで入力すると文字列型になります。この場合は数字としての意味がなくなりますので、算数の計算には使えません。Pythonでは、文字列型にstr型という名前が付いています。

▶ str型
英語で、一列に並んだという意味のstirngの頭文字です。str型では日本語も扱うことができますが、これについては別の章で詳しく説明します。

```
>>> 'moji' ↵
'moji'
>>> '12.0' ↵
'12.0'
```

ポイント

文字列型（str型）は文字列を表現するためのデータ型
数字も、引用符で囲むと文字列型になる

STEP 9　真偽型

　ここで、突然ですが、不等号を使ってPythonに2つの数の大小をたずねてみましょう。

```
>>> 1 > 0.4 ↵
True
>>> 1 < 0.4 ↵
False
```

　1より0.4のほうが小さいので、最初の式は数学的に正しいのですが、後の式は正しくありません。つまりPythonは、式が正しいときは「True」、間違っているときは「False」と教えてくれているのです。
　「Ture」は英語で「真実の、本当の」という意味の単語で、「False」は「正しくない、誤った」という意味です。このどちらかの状態だけを表す型が、真偽型です。Pythonでは、bool（ブール）型という名前が付いています。
　真偽型（bool型）は、条件によって処理を変えるというプログラムを書くときに使われます。詳しくは、5章で学ぶif文やwhile文のところで説明します。

補足　真偽型がbool型と呼ばれるのは、ジョージ・ブール（George Boole）という19世紀半ばに活躍した数学者の名前に由来しています。

真偽型（bool型）は、条件が成立するときは「True」、成立しないときは「False」

STEP 10　リスト型

▶要素
リストの中に格納されるデータ1つ1つのことを、要素と呼びます。

　リストは、数値や文字列などを並べて格納できるデータ型です。書き方は、それぞれの要素をカンマで区切って、全体を角括弧[]で囲みます。
　たとえば、a、b、cの3つの文字を格納するリストを作るには、次のようにします。

```
>>> ['a','b','c']
['a', 'b', 'c']
```

　このように、文字列のリストは引用符やカンマが多くなり、入力するのが面倒です。変数を使って名前を付けておきましょう。abcという変数名にしてみます。

```
>>> abc = ['a','b','c']
```

　インタラクティブシェルで、この変数名を入力すると、変数が参照しているリストデータが表示されます。

```
>>> abc
['a', 'b', 'c']
```

　前の章で、リストはロッカーだというお話をしました。通常、ロッカーの1つ1つのボックスには通し番号が付いていて、何番に物を入れたのかがわかるようになっています。実は、リストにも同じように通し番号が付いています（図7）。この番号を指定すれば、格納した物を個別に取り出すことができます。番号は0からはじまります。

▼ 図7　リストは番号の付いたロッカー

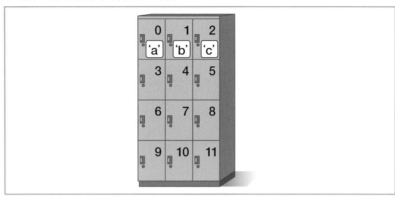

補足　このロッカー番号にあたる数字のことを、「添字」と呼びます。リスト中のデータを扱うためには、添字は必須です。

　作成したリストからデータを取り出すときは、変数の名前の後に、角括弧を使って番号を指定します。

```
>>> abc[0]
'a'
```

　これで、リストの中で最初（0番目）に格納されているデータの'a'を取り出すことができました。なお、リストにはまだまだたくさんの機能があります。詳しくは、第4章で説明します。

STEP 11　数値と演算

　コンピュータを一言でいうと、「計算機」です。Pythonのようなプログラミング言語を学べば、人間ではできないようなかなり複雑な計算をさせることができます。ここでは、整数型と小数型、そして変数について学んだので、これらを使って計算をしてみましょう。

　Pythonインタラクティブシェルを電卓として使えることは、すでに紹介した通りです。

```
>>> 3+4
7
>>> 3-4
-1
>>> 3*4
12
>>> 3/4
0.75
>>> 3//4
0
```

最後の//は、割り算の結果を、小数点以下は無視して、整数で返します。
その他、計算に関する演算子を、2つ紹介しておきましょう。

```
>>> 5%2
1
>>> 5**2
25
```

%は、数学記号のmodに相当します。「5%2」は、5を2で割ったときの余りです。

**は、累乗を計算します。この場合は、5の2乗を意味しています。

なお、演算子には、計算する順序が決められています。四則演算に関しては、足し算引き算より、かけ算と割り算を先に実行するという算数の決まりがそのまま使われています。優先順位を変えたいときは、丸括弧()を使って指定します。

```
>>> 4/2+2           ← 4を2で割って2を足す
4.0
>>> 4/(2+2)         ← 2と2を足した結果で4を割る
1.0
```

STEP 12　比較演算子と代入演算子

2つの数字の大小は、**比較演算子**を使って調べることができます。表1に、主な比較演算子をまとめておきます。これらの演算子は、足し算（＋）や引き算（-）の演算子よりも後に計算されます。

▼ 表1　比較演算子

比較演算子	数学記号
<	<
<=	≤
>	>
>=	≥
!=	≠
==	=

比較演算子を使った式が成り立つときは、Trueが、成り立たないときはFalseが返ってきます。右辺と左辺が等しいかどうかは、等号を2つ重ねた記号で判定します。

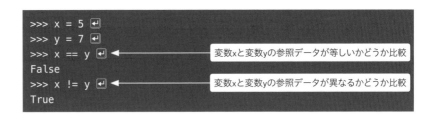

　等号（＝）を1つしか書かない記号は、変数を作るときに使いましたが、これを**代入演算子**と呼びます。＝の左辺に置かれた変数は、右辺に置かれたデータを参照するようになります。

　また、Pythonでは、演算と代入を同時に行うことができます。このために使われる演算了を、**複合代入演算子**と呼びます。

```
>>> i = 1
>>> i += 2
>>> i
3
```

　「i += 2」は、「i = i + 2」と同じ意味で、iに2を足したデータを、再びiへ代入します（図8）。したがって、結果は3になります。式が短くなるので、好んで使われる演算子の1つです。同様に、＋、－、＊、／、％、＊＊に続けて＝を付けても、複合代入演算子として利用できます。

▼ **図8**　複合代入演算子の意味

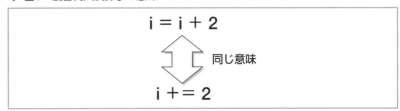

プログラムの材料と道具

2-3 道具としての関数

モノを作るには、材料の他に道具が必要です。Pythonを使ったプログラミングでも、たくさんの便利な道具が用意されています。この節では、便利なプログラミングの道具「関数」についてご紹介します。

STEP 1　長さを測る

　たとえば、部屋に合った新しい棚や机を買おうと思ったとき、どれくらいのサイズなら収まるのかを確認する必要があります。こんなとき、皆さんもメジャーを使って寸法を測るという作業をしたことがあるかもしれません（図9）。

▼ 図9　メジャーを使って寸法を測る

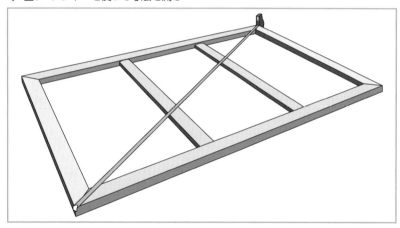

　メジャーのような便利な道具があると、やりたいと思った作業が簡単に達成できます。
　Pythonにおけるプログラミングでも同じです。プログラミングをしている途中で、「ここでこんな処理をしたい!」と思ったとき、それを即座にやってくれる道具があると便利です。その1つが、**関数（かんすう）**と呼ばれるものです。
　Pythonには、メジャーのようにモノの長さを測る道具として使える、lenという関数があります。理屈はさておき、まず、実際に使ってみましょう。
　lenを使って、文字列の長さを測ってみます。関数の使い方は簡単です。lenに続いて丸括弧で長さを測りたい文字列を囲んで書きます。インタラクティブシェルを使って、お好きな文字列で試してみてください。

補足　英語で長さは「length」ですので、lenはその省略形です。

```
>>> len('python')
6
```

　pythonという文字列は6文字なので、6という整数が返ってきます。この例からlenが、長さを測る道具として機能しているように見えると思います（図10）。

▼ 図10　長さを測るメジャーとしてのlen関数

　関数は、短い命令で便利な機能を提供してくれる道具です。続いて、関数の仕組みについて少し学んでから、プログラミングでよく使う関数についてまとめておきましょう。

STEP 2　関数の仕組み

　先の例では、lenで長さを測りたいのは、'python'という文字列でした。このことを関数に伝えるために、関数の名前に続けて丸括弧を使って指定しました。このように、関数を実行するときに、「この文字列の長さを測ってほしい」といったような追加指示を出すことがよくあります。これらの指示は関数の後ろに丸括弧を付けて書きますが、これを関数の**引数（ひきすう）**と呼びます。

　一方、文字列の長さを測った結果は6文字だったので、6という整数が関数から返ってきました。このように、関数を実行した結果として返ってくるデータを、**戻り値（もどりち）**と呼びます。図11に、引数と戻り値の関係をまとめておきます。

▼ 図11　関数の書き方と、引数・戻り値

実は、lenはリストの長さも測れます。適当なリストを用意して、同じように丸括弧で囲んで長さを測ってみましょう。

```
>>> len([1,2,3])
3
```

このリストの要素は、1から3までの3つですので、長さは3です。この場合は、リスト型データが引数となっていて、戻り値は3というわけです。

 関数を使った作業では、引数と戻り値を扱う
関数lenを使うと、長さを測ることができる

STEP 3 データを文字列に変換する関数 str

Pythonで数値計算をするのは簡単でした。単純な足し算をしてみましょう。

```
>>> 5 + 2
7
```

実は、数字だけでなく、文字列も同じように足し合わせることができます。

```
>>> 'abc' + 'xyz'
'abcxyz'
```

このように、いくつかの文字列を+記号でつなげると、1つの文字列になって返ってきます。では、文字列と数値は足すことができるのでしょうか？ 試しにやってみましょう。

```
>>> 'Python' + 3.6
Traceback (most recent call last):
  File "<stdin>", line 1, in <module>
TypeError: must be str, not float
```

補足 お使いのバージョンによっては、若干エラーメッセージの内容が違うこともあります。

予想ではPython3.6という文字列になると思ったのですが、なんだか意味不明なメッセージが出て、TypeErrorという文字も見えます。これは、「文字列型と小数型を足すことはできません」というエラーメッセージです。

3.6を数値ではなく、文字列として認識してもらえるように書けばもちろんうまくいきます。引用符で囲んで、'3.6'と書いてみましょう。

```
>>> 'Python' + '3.6'
'Python3.6'
```

今度は無事に足すことができました。

家を建てる例で言うなら、木と木は釘でつながりますが、木とガラスはそのままでは釘で打ち付けられないのと同じイメージです。どちらも同じ種類のデータ型にすれば接続できるということになります。

Pythonのバージョンは日々変化しますので、versionという変数を用意して今のバージョン（3.6）に名前を付けてみます。今度はこれを足してみましょう。

```
>>> version = 3.6
>>> 'Python' + version
Traceback (most recent call last):
  File "<stdin>", line 1, in <module>
TypeError: must be str, not float
```

注意 これは、3.6を代入したために、変数versionが小数型を示す変数になったため、発生するエラーです。

単純に足してみると、先ほどとまったく同じエラーメッセージが出てしまいます。このようなときに便利なのが、strという関数です。strは、引数を文字列に変換する機能を持っている道具です。引数には、文字列に変換したいデータをセットします。

```
>>> str(version)
'3.6'
```

戻り値には引用符が付いていますので、データが文字列になったことがわかると思います。また同時にこの例では、関数に渡す引数に変数を指定しても大丈夫なこともわかりました。このstr関数を使うと、先ほどエラーが出たコードを次のように書き換えることができます。

```
>>> 'Python' + str(version)
'Python3.6'
```

補足 この例では、小数型を文字列型に変換しています。このような型を変換する作業を、特に**キャスト**と呼ぶことがあります。

今度は、うまくいきました。このように、関数strを使うと、数値データをはじめ、いろいろなデータを文字列に変換することができます。

データを文字列に変換する関数：str

STEP 4　データを画面に出力する関数 print

前の章のじゃんけんプログラムで使った「print」も、実は関数です。print関数は、複数の引数を受け取ることができます。複数の引数は、カンマで区切って並べます。print関数は、受け取った引数を、順番に「半角スペース」でつないで画面に表示してくれます。たとえば、次のように入力してみましょう。

```
>>> print('Python', 3.6)
Python 3.6
```

引数が、順番に画面に表示されていると思います。また、文字列型と小数型の引数を並べましたが、print関数が適切に処理をしてくれるので、エラーにはなりませんでした。引数には、変数や日本語を使うこともできます。

```
>>> print('Python', version, 'スタートブック')
Python 3.6 スタートブック
```

補足　sepは「separator」(分離するもの)の略で、分離するときに使う文字列を指します。

また、print関数にsepという名前を付けた特別な引数を渡すと、引数をつなげる区切り文字を変更できます。

```
>>> print('Python', 3, sep='---')
Python---3
```

ただし、sepという名前が付いた引数を指定した後は、引数を追加で渡すことはできません。

補足　インタラクティブシェルを使わないでプログラミングする方法は、30～34ページを参照してください。

print関数は、戻り値がなく、データの内容を画面に表示するという特殊な機能を持った関数です。インタラクティブシェルを使わずにプログラムを作る場合は、プログラムの結果を表示するのに必須の機能ですので、これからプログラミングをするようになると、良く使うことになるでしょう。

データの内容を画面に表示するprint関数
関数の引数が複数ある場合は、カンマ(,)で区切る

STEP 5　整数の並びを作る range

これまで見てきた関数は、データを引数として受け取って、それを処理する道具でしたが、データを新しく作り出す関数もあります。ここで紹介するrange

関数もその1つです。

リストは、いくつかのデータをまとめる役割を持ったデータ型でした。たとえば、0から4までの5つの整数の要素を持ったリストを作って、number_listという変数名を付けるには、次のようにします。

補足 リストの書き方は、それぞれの要素をカンマで区切って並べ、角括弧[]で囲むのでしたね。

```
>>> number_list = [0,1,2,3,4]
```

では、これを参考に、0から9までの10個の要素を持ったリスト、number_list_10を作ってみましょう!・・・と、言うのは簡単ですが、1つ1つ数字を打ち込むのは面倒です。実は、これを簡単にやってくれる関数が、range関数です。0からはじまり、引数に与えた整数の1つ手前まで、連続した整数を用意してくれます。では、引数に10をセットして実行してみましょう。

補足 rangeには、「範囲」「並び」などの意味があります。

```
>>> number_list_10 = range(10)
>>> number_list_10
range(0, 10)
```

これで0から9までの10個の要素を持ったリストが返ってくるとわかりやすいのですが、「range(0, 10)」というrange型が返ってきてしまいました。これは、組み込み関数rangeの引数に非常に大きな整数が指定されたとき、そのまま巨大なリストを返してしまうと、Pythonの処理が遅くなる可能性があるためです。

組み込み関数listを使うと、range型からリストを作ることができます。

```
>>> list(number_list_10)
[0, 1, 2, 3, 4, 5, 6, 7, 8, 9]
```

ところで、range関数も、引数を複数取ることができます。長さは同じ10でも、1からはじまってちょうど10で終わるリストを作ってみましょう。

```
>>> list(range(1, 11))
[1, 2, 3, 4, 5, 6, 7, 8, 9, 10]
```

補足 ちょっと違和感がある書き方かもしれませんが、結果としてできるデータの長さがちょうど「11 - 1 = 10」になるので、計算するときは便利です。Pythonを含む多くのプログラミング言語では、このように「はじまりは含んで、終わりは含まない」という表現をよくしますので、徐々に慣れていきましょう。

ここでは、range関数の戻り値を、そのままlist関数の引数にしています。
range(1, 11)は、「1からはじまって11の手前まで」という意味です。

range関数の戻り値は、range型になる
range型は、組み込み関数listでリストに変換する

2-4 メソッド

プログラムの材料と道具

この章の最後に、データ型が、それぞれ専用の関数を持っていることを紹介しておきます。次の章で詳しく説明しますので、今はまだコードを書いて試す程度で大丈夫です。

STEP 1　文字列が持っている特殊能力

まず、カンマを1つ含んだ文字列型データを用意します。Pythonインタラクティブシェルを起動して、次のように入力してみましょう。

```
>>> address = 'Tokyo,Japan'
```

補足 addressは、英語で「住所」の意味です。

'Tokyo,Japan'という文字列に、addressという変数名を付けてみました。
addressは文字列型のデータですが、実は文字列型は自分専用の関数をたくさん持っているのです。

ぎもん　自分専用の関数っていったい何だろう？

補足 splitは英語で、「分割する」という意味があります。

まずは具体例から見ていきましょう。たとえば、文字列型は、自分自身を特定の文字列で区切る「split」という関数を持っています。これは、文字列型専用の関数なので、今までと少し書き方が違います。ドットとカンマに気をつけて試してみてください。

```
>>> address.split(',')
['Tokyo', 'Japan']
```

注意 ここでは、カンマ(,)1文字を文字列型データとして、引数にしています。

変数名 (address) に続けて、ドット(.)を1つ書き、文字列型が専用に持っている関数の名前を書きます。変数名に続けて書くこのドットは、日本語では「〜の」に相当すると考えるとわかりやすいでしょう。splitという関数は、文字列型データの持ち物なので、変数名に続けてドットで区切って書くことによって表現しています (図12)。

また、引数では、「何で区切るか？」を指定しています。

▼図12　データ型が持っている関数を呼び出す方法

補足　メソッド (method) は、英語で「方法」という意味です。

このように、あるデータ型が専用に持っている関数のことを、特に**メソッド**と呼びます。

さて、メソッドを呼び出して実行した結果、もとの文字列が'Tokyo'と'Japan'という2つの文字列に分解されたのがわかります。結果を1つにまとめるため、splitメソッドの戻り値はリスト型になっています。リスト型は、このような場面で非常に便利です。

次は、変数addressのデータをアルファベットのo（オー）で区切ってみましょう。

```
>>> address.split('o')
['T', 'ky', ',Japan']
```

oは2ヵ所で見つかるので、全体は3つに分割されているのがわかります。戻り値は、1つのリストとしてまとまっています。

ちなみに、何度かsplitを呼び出していますが、address自身のデータは最初と同じです。確認してみましょう。

```
>>> address
'Tokyo,Japan'
```

ポイント

メソッドは、データ型専用の関数
splitは、文字列を分割する文字列型のメソッド

STEP 2　引数のないメソッド

メソッドを呼び出す方法が、なんとなく理解できたでしょうか？　では、もう1つ、文字列型が持っているメソッドを紹介します。

upperメソッドは、すべての文字を大文字にした新しい文字列を返します。

```
>>> address.upper()
>>> 'TOKYO,JAPAN'
```

upperメソッドには、引数はありません。このように、引数を持たない関数やメソッドを呼び出すときも、丸括弧を省略することはできません。これは、「メソッドや関数を呼び出している」ことをPythonにわかってもらうためです。

なお、メソッドの戻り値は、変数を使って受け取ることも可能です。upper_addressという変数で、受け取ってみましょう。

```
>>> upper_address = address.upper()
>>> address
'Tokyo,Japan'
>>> upper_address
'TOKYO,JAPAN'
```

引数のないメソッド（関数）を呼び出すときも、()は必要
upperは、文字を大文字に変換する文字列型のメソッド

STEP 3　メソッドとプログラミング

　文字列型は、ここで紹介した他にもたくさんのメソッドを持っています。文字列型は組み込みデータ型の1つですが、組み込みデータ型以外のデータ型も、また別に、たくさんのメソッドを持っています。

　Pythonなどの現在のプログラミング言語では、このように、材料としてのデータ型と、道具としての関数がセットになっています。この仕組みにより、プログラミングを効率的に進めることができるのですが、それは次の章で詳しくお話します。

まとめ

- モノ作りには材料と道具が必要です。プログラミングにおいてはデータと関数がこれに相当します。
- データには型があります。型は、データの種類のことで、材木や釘などの材質の違いと一緒です。
- データには、変数を使って名前を付けることができます。
- 基本的な材料となる組み込みデータ型は特に重要です。文字列型、整数型、小数型、真偽型などがあります。
- プログラミングの道具とは、関数です。基本的な関数には、lenやrangeなどがあります。
- あるデータ型だけが持っている専用関数のことを、メソッドと呼びます。たとえば、文字列型には、splitやupperなどのメソッドがあります。

練習問題

1. データには型があります。1は ① 型、'abc'は ② 型です。
2. len('tomorrow')という関数の呼び出しでは、文字列'tomorrow'は関数lenの ① と呼ばれ、結果として得られる整数の8は ② と呼ばれます。
3. range関数を使って、2からはじまって21で終わる、長さ20のリストを作ってみましょう。
4. あるデータ型だけが独自に持っている関数のことを、 ① と呼びます。

第 3 章

データと型のすべて

組み込みデータ型以外のデータ型も使えるようにならなければ、Python でプログラミングできるようになりません。複雑なデータ型を使えるようになるために、まずはイメージトレーニングからはじめましょう。

データと型のすべて

この章で学ぶこと

この章では、データと型についての全体像を学びます。まず、現実のモノを使ったたとえ話でイメージをつかんでから、実際のコードを見ていくことにしましょう。

POINT 1　型のイメージトレーニング

第2章までで、整数型や文字列型などといった組み込みデータ型について、理解できたのではないでしょうか。しかし、Pythonにはこの他にもたくさんのデータ型があり、そのほとんどは組み込みデータ型ではありません。こうしたデータ型は、組み込みデータ型とは使い方が少し違います。このことを理解するために、データの型とメソッドについて復習しながら、データと型の全容に迫りましょう。

章の前半は、話をわかりやすくするためにたとえ話を中心にしました。先入観を持たず、そのまま読み進めてみてください。きっと、Pythonのデータ型を理解するためのイメージトレーニングになると思います。

POINT 2　実際のコードを書こう

たとえ話だけではプログラムを書けるようにはなりませんので、日付や時間のデータを扱う実際のモジュールを使って、たとえ話で培った感覚を武器に、組み込みデータ型以外のデータ型を使えるようになりましょう。新しく学んだモジュールも駆使して、実際のプログラムも作ってみます。

3-2 データと型のすべて
材料と道具をまとめて考える

ここでは、第2章で学んだ文字列型の復習からはじめて、果物のオレンジを例に、データとメソッドを一緒に扱うプログラミングの考え方を紹介します。

STEP 1 文字列とメソッド

文字列型のデータを1つ用意すると、いろいろと便利なことができましたね。少し第2章を復習してみましょう。

たとえば、'Tokyo,Japan'という文字列を用意して、カンマで区切ろうと思ったら、「split」というメソッドを使えば簡単にできました。

```
>>> address = 'Tokyo,Japan'
>>> address.split(',')
['Tokyo', 'Japan']
```

この他にも、文字列型はたくさんのメソッドを持っています。たとえば、「index」というメソッドを使うと、引数で指定した文字が、最初に出てくるのが何文字目なのかがすぐわかります。

注意 indexは、最初の文字を0番目として数えますので、カンマ(,)は5文字目ということになります。

```
>>> address.index(',')
5
```

このように、文字列型のデータを1つ用意するだけで、splitやindexといった便利なメソッドをすぐに使うことができます。

STEP 2 オレンジと道具

さて、突然ですが、ここに果物（くだもの）の「オレンジ」が1つあるとします。ナイフで普通に皮をむいて食べることもできますし、絞り器を使えばジュースにもできます。ミキサーを使って丸ごとジュースにすれば、果肉の歯ごたえも楽しめます。また、植木鉢と土があれば、オレンジの中にある種を植えて芽を出させ、オレンジの木を育てることもできるかもしれません。

これらはすべて、果物のための道具セットです。普段は、「果物」という言葉

を聞いても、実際のオレンジやリンゴしか思い浮かびませんが、ここでは、こうした道具も含めて「果物」と考えることにしましょう。頭の中のイメージは、図1のような感じです。

▼ 図1　果物：材料と道具を一緒に考える

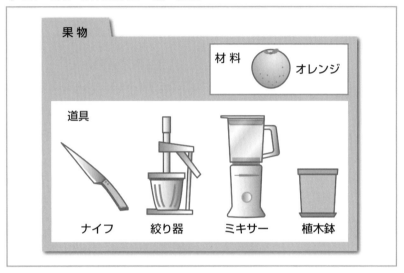

　文字列データ型を用意すると、いろいろなメソッドを利用できました。これを、材料としてのオレンジと、それを料理するための道具セットにも当てはめてみましょう。データにはそれぞれ型がありました。'Tokyo,Japan'は文字列型のデータです。同じように、オレンジを「果物型」と考えてみるわけです（図2）。

注意　最初はとまどうかもしれませんが、よくよく考えると、オレンジとナイフの関係と、'Tokyo,Japan'という文字列とsplitというメソッドの関係が同じことだと思えてくるでしょう。

▼ 図2　材料（データ）と道具（メソッド）：文字列型と果物型の関係

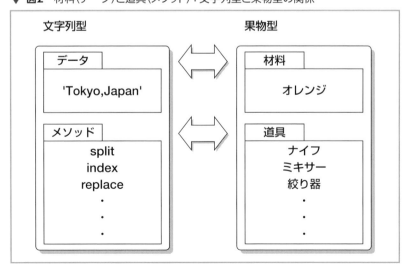

文字列データの実際の内容は、その都度いろいろに変化します。'Tokyo'、'Osaka'など、いろいろな文字列を用意することは、リンゴやメロンを買ってくるのと同じことです。八百屋さんでリンゴを買っても、ナイフやミキサーをオマケしてくれませんが、Pythonはとても親切なので、文字列型のデータを1つ用意しただけで、たくさんのメソッド（道具）を用意してくれるのです。

　現実の世界では、ナイフやミキサーを果物ごとに用意したら場所も取りますし、だいいちもったいないです。Pythonというソフトウェアの上だからこそ、できる技です。Pythonが用意してくれているメソッドは、必要そうなものがだいたい揃っています。これらの道具（メソッド）を上手に使えば、プログラミングを効率的に進めることができるのです。

Pythonのデータ型は、データだけではなく、道具（メソッド）もセットになっている

データと型のすべて

3 モノの上下関係を考える

会社には、社長から平社員までいろいろな役職があって、それが上下関係を作っています。組織を運営するためには、こうしたピラミッド型の支配構造が必要ですが、実はPythonの中にもこうした概念があります。

STEP 1　誰のメソッドなのかをはっきりさせよう

　果物の例に引き続き、もう1つ新しい型を考えてみましょう。今度は「肉」が良いでしょうか。「肉型」のデータを考えるわけです（図3）。ポイントは、材料と道具を一緒に考えるところでした。肉を切るのにもナイフが必要ですし、フードプロセッサーがあれば、ハンバーグや餃子のための挽肉が作れます。もちろん、鉄板があればおいしいステーキを作ることができるでしょう。

注意　ちなみに、ハンバーグは牛肉で、餃子は豚肉で作るのが普通です。

▼ 図3　材料としての肉と道具のいろいろ

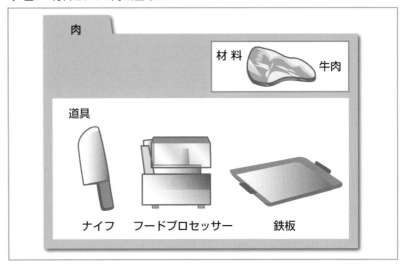

　ところで、肉を切るためのナイフは、果物を切るためのナイフより大きくて切れ味の良いものがよさそうです。同じ名前の道具でも、材料によって変化するのはPythonでも同じです。第2章で文字列型のメソッドを呼び出すとき、変数名に続けて「～の」という意味の「ドット(.)」を使いました。たとえば、indexというメソッドは、次のようにして、文字列の中から引数で指定した文字の位置を発見できます。

```
>>> data = 'Python'
>>> data.index('y')
1
```

　最初が0番目なので、文字yは1番目（2文字目）にあることがわかります。実は、リスト型にも、同じ名前のメソッドindexがあります。適当なリストを用意して試してみましょう。

```
>>> test = [1,2,3,4]
>>> test.index(2)
1
```

　最初が0番目なので、2という数字が格納されている場所が1番目だということがわかります。

　果物を切るにも、肉を切るにも、「ナイフ」が必要ですが、それぞれに適した道具となると微妙に大きさや形が違います。このように、さまざまな道具をデータ型としてプログラム言語のなかに取り込んでいくと、似たような機能（道具）が出てくることがよくあります。「果物用のナイフ」や「肉用のナイフ」と同じように、文字列型**の**indexメソッド、リスト型**の**indexメソッドが登場します。そのとき、「どの型のメソッドなのか」を表現するために、ドット(.)を使って所属を明らかにしているのです。

メソッドの前のドット(.)は、「～の」と読み替えるとわかりやすい

STEP 2 似ているモノはまとめてみよう

▶ モデル化
ここでやっているように、実際のモノや仕組みをコンピュータのプログラムとして表現することを、**モデル化**（モデリング）といいます。

　これまで、果物や肉をデータ型として考えてきました。同じように、野菜や魚というデータ型も考えられそうです。このように、実際の世の中に存在するモノを材料と道具のまとまりとしてどんどんモデル化していくと、その数は増える一方です。バラバラにたくさんの型があると、何を表しているのかわかりにくくなり、管理も面倒です。そこで、これらをまとめることを考えましょう。果物、肉、魚、野菜は、どんなまとまりと考えることができるでしょうか？ いろいろな考え方があるかもしれませんが、ここでは図4のように、**食材**というグループで分類してみましょう。

▼ 図4　似ているモノをまとめてモジュールにする

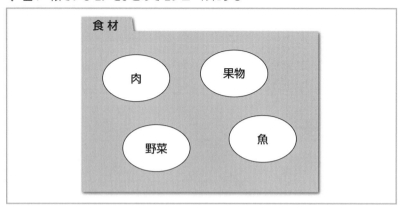

　こうすると「食材の中の果物」、「食材の中の野菜」となり、まとまりができるので、整理されてわかりやすくなります。
　Pythonでも、「食材」に相当する考え方があります。それが、**モジュール**です。つまり、果物は、「食材モジュールに含まれている」と考えることができるのです。「ドット(.)」は「〜の」を表現するので、「モジュールに含まれる」という状態もドットを使って表現できます。たとえば、次のように書くことができそうです。

食材.果物.ナイフ

　これで、「食材モジュール**の**果物型**の**ナイフメソッド」という意味になります。
　なんとなく、ドットの使い方がイメージできたでしょうか？　後で、実際のPythonモジュールを使いますが、今は「ドットを使うとモノの所属がわかる」ことが理解できれば大丈夫です。

データと型のすべて

データの型とその中身

もう少しで、Pythonのデータと型の全容がつかめます。ここではたとえ話が中心ですが、データと型の関係についてイメージを膨らませてみてください。

STEP 1　実際のデータを用意するということ

　ここまで、説明のための例として、「果物型」のような架空のデータ型を考えてきました。ところで、この果物型は、実体を伴わない単なる概念にすぎません。八百屋さんで買ってきた実際の「いよかん」を用意することで、はじめて実体を伴った果物型の「いよかん」ができます。これに、「僕のいよかん」という名前を付けることにしましょう。

▼ 図5　概念的なモノから実体のモノへ

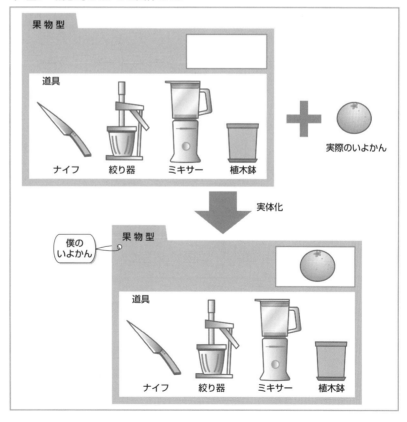

図5のような、実際の果物型のデータをもとに具体的ないよかんを作る動作を、コードでは次のように書くことにします。

```
僕のいよかん = 食材.果物(いよかん)
```

> **注意** もちろんこれは実際のPythonコードではありませんが、後々この考え方がそのまま使えるようになります。

これは、「食材モジュールに含まれる果物型データ」の具体例を、実際の「いよかん」をもとに作製し、「僕のいよかん」という名前を付けるコードです。このとき、「僕のいよかん」は、「変数」に相当します。

同じように、今度は魚型データの「僕のアジ」を用意してみましょう。近所の魚屋さんでアジを買ってきて、魚型データの実体を用意するコードは、次のようになります。

```
>>> 僕のアジ = 食材.魚(アジ)
```

> **注意** この節で解説しているコードは架空のものですので、残念ながら実際に動かすことはできません。

さて、実際のデータを用意するとこができましたので、次はメソッドの種類について少し詳しく学んでみましょう。

STEP 2 メソッドの種類

データ型は、いろいろなメソッドを持っています。メソッドは、その働きによっていくつか性質の違いがあります。ここでは、メソッドを3つのタイプに分けて果物型と魚型を例に説明します。

> **補足** メソッドについては、後の章で詳しく解説します。ここでは、メソッドに種類の違いがあるということがわかれば大丈夫です。

● 中身を変えずに結果を返すメソッド

果物型に自分の重さを返す、「重量」というメソッドを考えてみましょう。たとえば、こんな感じで使います。

```
>>> 僕のいよかん.重量()
280
```

> **補足** 架空のメソッド「重量」には、呼び出すときの引数は特にありません。

このメソッドは、果物の重さをグラム単位で返します。いよかんの重さを量っても、いよかん自体に変化はありません。つまり、この種類のメソッドは、自分自身はそのままにして結果だけを返すメソッドです。

● 中身を変えて結果は返さないメソッド

魚型にも、重さを量るメソッド「重量」が用意されているとしましょう。

```
>>> 僕のアジ.重量() ⏎
180
```

果物型と同じようにグラム単位で結果が返ってきます。もちろん、この状態では僕のアジに変化はありません。

ところで、魚の場合は、三枚おろしにするとその後の調理が便利です。そこで、魚型には「三枚おろし」というメソッドを用意しましょう。

補足 三枚おろしをご存じない方は、YouTubeにたくさん動画があります。実際やるのは結構大変ですが・・・

```
>>> 僕のアジ.三枚おろし() ⏎
```

このメソッドには、特に結果は返ってきません。何が変化したかといえば、「僕のアジ」の中身が三枚おろしになったのです（図6）。つまり、メソッド「三枚おろし」は、自分自身が変化するメソッドです。

▼ 図6 アジの状態が変化する（三枚おろし）

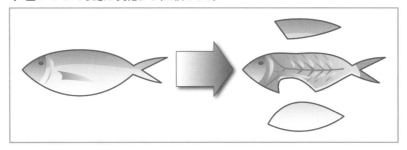

実体がなくても使えるメソッド

前述した2つのメソッドは、果物型や魚型の実体である、「僕のいよかん」や「僕のアジ」を作って、その実体に対して使いました。メソッドの中には、このような実体を用意しなくても使うことができるものがあります。

たとえば、果物型の「今日のおすすめ」というメソッドを考えてみましょう。このメソッドを呼び出すと、「果物の今日のおすすめ」が返ってきます。このとき、実体は必要ありませんので、果物型の型の名前を使ってメソッドを呼び出せます。

```
>>> 食材.果物.今日のおすすめ() ⏎
デコポン
```

今日のおすすめ果物は、デコポンだとわかりました。ところで、このメソッドは、実体を持つ「僕のいよかん」のメソッドとしても呼び出すことができます。

```
>>> 僕のいよかん.今日のおすすめ()
デコポン
```

補足 ただ、いよかんを買った後で今日のおすすめを聞いて、デコポンにすればよかった・・・と後悔するかもしれませんが。

　このように、自分が買った果物がいよかんでも、今日の八百屋さんのおすすめがデコポンであることに変わりはありません。そう考えると、「今日のおすすめ」メソッドが同じ答えを返すのは納得できますね。

　3種類のメソッドの違いを、少しでも感じることができたでしょうか？　次からは、Pythonに備わっているたくさんのモジュールの中から、日付や時間に関係したデータ型がまとまっている「datetime」モジュールを取り上げ、実際の例でさらに理解を深めていきましょう。

3-5 datetimeモジュール

データと型のすべて

これまで、果物や肉といったたとえ話で培ったデータと型に対する感性を、いよいよ実際のモジュールを使ったPythonプログラミングで発揮してみましょう。

STEP 1　日付と時刻

　Pythonには、年月日や時分秒といったデータを扱うために、dateやtimeという専用のデータ型が用意されています。日付を表現するデータ型は「date型」です。date型には、その日が何曜日なのかを計算するメソッドが備わっています。また、「time型」は時間を表現します。これらの型はよく似たデータ型ですので、「datetime」という名前のモジュールにまとめられています。

　それでは、実際に使ってみましょう。組み込みデータ型ではないデータ型を使う場合は、まずそのモジュールを呼び出す手順が必要でした。Pythonインタラクティブシェルで、次のように入力します。

```
>>> import datetime
```

　ここで何も表示されなければ、正常にdatetimeモジュールが読み込まれたことになります。
　まず、特定の日を表現するdate型データの実体を作ってみましょう。「いよかん」を使って、果物型の実体を用意したときのことを思い出してください。

```
僕のいよかん = 食材.果物(いよかん)
```

補足　もちろん何日でも構いません。自分の誕生日などが良いかもしれません。

　ここでも、同じように考えれば良いのです。ここでは、2030年4月14日を作ってみましょう。

```
>>> day = datetime.date(2030,4,14)
```

　datetimeモジュールの中のdate型を使うので、datetime.dateになっています。型の名前であるdateの後に、丸括弧に続けて数字を3つ書いています。2-3 STEP4で紹介した関数の呼び出し方法と、形式が同じであることに気が

付くかもしれません。年、月、日の順に、数字をカンマで区切って指定していますね。完成したデータには、dayという変数を付けています。

print関数を使って、変数dayを確認してみましょう。

```
>>> print(day)
2030-04-14
```

注意 print関数でdate型を画面に表示すると、「年-月-日」の形に整形されているのがわかります。

みなさんが指定した日付になっているでしょうか？ 図7に、date型のデータを作る方法をまとめておきます。

▼ **図7** ある特定の日を表現するdate型データの作り方

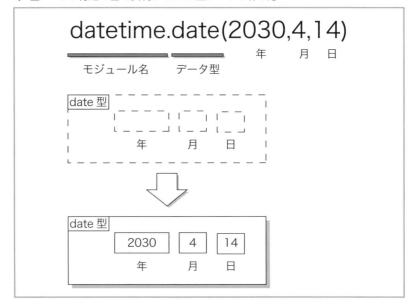

ところで、dateはデータ型の名前そのものですが、見方を変えると、datetimeが持っているdateという関数のようにも解釈できます。つまり、ある型の実際のデータを用意するには、その型と同じ名前のメソッドを呼び出せば良いのです。この"型と同じ名前のメソッド"のことを、特に**初期化メソッド**と呼びます。また、このように作成されたデータ型の実体のことを、特に、**インスタンス**と呼びます。

補足 果物型の例でいえば、「八百屋さんで買ってきたいよかん」が、インスタンスです。

データ型の実体のことを、インスタンスと呼ぶ
インスタンス（実体）は、初期化メソッドで作る

STEP 2　date型のメソッドを使う

　date型には、その日が何曜日かを計算するメソッド「weekday」が備わっています。このメソッドは、曜日を0からはじまる数字で返し、0は月曜日を表します。戻り値を表1にまとめておきましょう。

▼ **表1**　weekdayメソッドが返す数字と曜日の対応

戻り値	0	1	2	3	4	5	6
曜日	月	火	水	木	金	土	日

　このweekdayを使って、先ほど作った日が何曜日かを調べてみましょう。

```
>>> day.weekday()
6
```

　戻り値が6ですので、2030年4月14日は日曜日だとわかりました。自分の誕生日など、いくつかの日付で試してみると面白いでしょう。ちなみに、weekdayメソッドは、自分自身の内容を変更しないメソッドです。

　また、date型は、実体がなくてもみんなで使えるメソッドとして、todayというメソッドを持っています。これは、モジュールと型さえわかれば使うことができるメソッドです。todayはその名の通り、今日を示す新しいdate型データを作ってくれます。

> 補足　kyouは、date型のインスタンスです。

```
>>> kyou = datetime.date.today()
>>> print(kyou)
2009-06-07
```

　まず、今日の日付をkyouという変数で受け取って、それをprint関数を使って画面に表示しています。datetimeはモジュール名ですし、dateも型の名前そのものです。todayメソッドを呼び出すのに、date型の実際のデータは必要ありません。もちろん、あっても良いのですが、メソッドを呼び出した結果返ってくるのは今日なので同じ日付です。

　試しに、前に作成した変数dayを使って、todayメソッドを呼び出してみましょう。結果はもちろん同じです。

```
>>> print(day.today())
2009-06-07
```

STEP 3 datetime型

datetimeモジュールには、他にもいくつかのデータ型が用意されています。ここではすべてを解説できませんが、一覧を表2に示しておきます。

▼表2 datetimeモジュールに含まれる型

データ型	説明
date	ある1日（年月日）を表現する
time	ある時刻（時分秒）を表現する
datetime	ある日のある時刻（年月日時分秒）を表現する
timedelta	2つの時点の差を表現する
tzinfo	世界中の時間を扱うためどこのタイムゾーンであるかの情報を保持する

補足 datetime型はモジュールの名前と同じなので、少し紛らわしいです。

date型は、日付の情報だけを持つモノでした。今度は、日付と時刻の両方を扱うことができる「datetime型」を使ってみましょう。

datetime型の実際のデータを作ってみます。アメリカが打ち上げたアポロ11号が月面に着陸したのは、日本時間で1969年7月21日5時17分40秒ということになっています。このデータを用意してみましょう。コードの書き方は、date型の書き方からなんとなく想像できるかもしれません。次のようにします。

```
>>> apollo_11 = datetime.datetime(1969,7,21,5,17,40)
```

何も表示されなければ、エラーが発生していない証拠ですので、うまく作成できています。変数名も、アポロ計画にちなんで「apollo_11」にしてみました。print関数を使って、確認しておきましょう。

注意 ここでも、datetime型のデータが、時分秒まで整形されて出力されているのがわかります。

```
>>> print(apollo_11)
1969-07-21 05:17:40
```

さて、datetime型にも、「now」というみんなで使えるメソッドがあります。その名前からわかるかもしれませんが、このメソッドは今の日付と時刻を返します。メソッドを呼び出して変数「ima」に格納し、print関数で画面に表示させてみましょう。

```
>>> ima = datetime.datetime.now()
>>> print(ima)
2009-06-07 12:03:39.708506
```

　datetimeモジュールの中のdatetime型が持っている、メソッドnowを呼び出しています。右端に表示されている6桁の数字は、秒よりも細かい時間です。

データと型のすべて

データ型とオブジェクト

一気に新しい用語が出てきましたので、ここで少し立ち止まって頭の中を整理してみましょう。これまでの知識をもう一度確認すると、きっと、さらに理解が深まるはずです。

STEP 1　文字列や数字の作り方

少し思い出してみましょう。

文字列型のデータの実体を作るためのコードは、次のように書きました。

```
>>> address = 'Tokyo,Japan'
```

補足　整数はint型、小数はfloat型という別名を持っています。

これも、実は「文字列型のインスタンス」を用意しているコードです。また、整数や小数を用意するのも、文字列型と同じように、直感的に書けば良いのでした。

```
>>> int_num = 256
>>> float_num = 3.14
```

ただしこれらは、date型のインスタンスを作ったときとは書き方がかなり違いますね。date型を利用しようと思ったときは、まずdate型を含むdatetimeモジュールをimportする必要がありました。さらに、「初期化メソッド」と呼ばれる、型と同じ名前のメソッドを呼び出す必要がありました。

```
>>> import datetime
>>> day = datetime.date(2030,4,14)
```

よく見ると、date型のインスタンスを作るために初期化メソッドを呼び出しているところで、2030や4といった整数型のデータを使っています。つまり、date型は、年、月、日という3つの整数型のデータからできている、と考えることができます。

このように、文字列や整数、小数は他のデータ型を用意するための基本パーツとなることが多く、ひんぱんに利用されます。そのため、これらの組み込み

補足 外部のモジュールではなく、Python本体に"組み込まれている"わけです。

データ型は、import文を使ってモジュールを呼び出さなくても使うことができます。また、実際のデータを用意するときも、初期化メソッドを使う必要がないよう工夫されているのです。

一方、組み込みデータ型以外のデータ型を使うときには、まずimport文でモジュールを読み込んだ後、初期化メソッドを呼び出す必要があります。これが、組み込みデータ型とその他のデータ型の大きな違いです。

ポイント 組み込みデータ型を使って、より複雑なデータ型のインスタンスを作る

コラム　組み込み関数

画面にデータの内容を出力するprint関数は、組み込みデータ型と同じように、モジュールを読み込まなくてもすぐに使うことができます。このような関数のことを総称して、**組み込み関数**と呼びます。第2章ではlenやrangeといった関数を学びましたが、これらも組み込み関数です。

STEP 2　オブジェクトとは？

プログラミング言語に興味がある皆さんなら、「オブジェクト」とか「オブジェクト指向」といった言葉を聞いたことがあるかもしれません。それと同時に、「オブジェクト指向は難しい」といった感想もよく耳にするでしょう。

「オブジェクト(object)」とは、英語で「物」や「目的」といった意味で、かなり漠然とした単語です。ですから、プログラミング言語の解説書で「オブジェクト」が説明されるときも、わかりにくくなってしまいがちです。これはある意味仕方ありません。「オブジェクトとは？」という質問に答えるのは、「モノってなに？」という子供の素朴な質問に答えるのと似ているからです。

本書ではこれまで、極力オブジェクトという単語を説明に使わずに進めてきました。これは、プログラミングに関するイメージがある程度できてから、オブジェクトという単語の意味を説明したいからです。

オブジェクトという言葉の定義は非常に難しいのですが、ことPythonにおいては、「型」と同じ程度の意味と理解すると良いでしょう。

Pythonにおける型は、実際のデータとそれを処理するメソッドが一緒になっているモノでした。この「モノ」こそが「オブジェクト」というわけなのです。オブジェクト指向とは、この「モノ」としてのオブジェクトを駆使してプログラミング

することを指すのです（図8）。

　Pythonはよくできたオブジェクト指向の言語です。実はみなさんは、ここまででかなり、オブジェクト指向プログラミングができるようになっています。この章の最後までくれば、きっとそれが実感できると思います。

▼ 図8　「オブジェクト」は型とほぼ同じ言葉

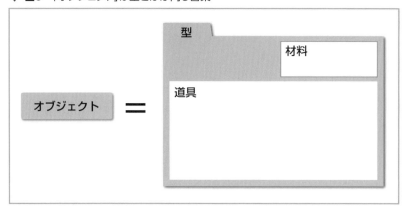

 Pythonでは、「データ型」と「オブジェクト」は同じ意味

3-7 人生を計算してみる

データと型のすべて

この章の最後に、まとめとして、自分が今日まで何日間生きたのかを計算するプログラムを作ってみましょう。date 型を使うと、日付の計算がとても簡単にできることが実感できると思います。

STEP 1　date 型の計算

Pythonで数値の計算をするのは簡単でした。インタラクティブシェルで、次のように普通に書けば良いだけです。

```
>>> 5 - 1 ⏎
4
```

では、図9のように、ある日付とある日付の間が何日あるかを計算するには、どうしたら良いでしょうか?

▼ 図9　2つの日付の間を計算するには?

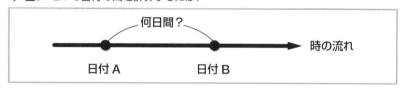

実はこの場合も、数字の計算と同じようにそのまま引き算すれば良いのです。早速やってみましょう。まず、適当な2つの日付を用意してみます。

> 補足　すでにdatetimeモジュールをimportしている場合は、最初のimport文は省略できます。ただし、同じモジュールを何度importしても、特に問題はありません。

```
>>> import datetime ⏎
>>> date_a = datetime.date(2008,1,1) ⏎
>>> date_b = datetime.date(2009,1,1) ⏎
```

2008年1月1日から、2009年1月1日までが何日あったか、を知りたければ、普通に引き算を書けば良いだけです。結果を、変数days_2008で受け取って、print文で表示してみましょう。

> 補足　つまり、2008年が全部で何日あったかを表示しています。

```
>>> days_2008 = date_b - date_a
>>> print(days_2008)
366 days, 0:00:00
```

　北京オリンピックがあった2008年は、閏年なので、366日間もあったことがわかります。また、date型どうしの引き算なので、時刻の部分に情報がなく、0になっています。

　このように、数値計算に使う「-（マイナス）」記号を、そのままdate型に使うことができました。これは、オブジェクト指向の特徴の1つです。いろいろな型で「-（マイナス）」という計算記号を使えるように、言語自体が工夫されているのです。少し思い出してみると、文字列と文字列も「＋（プラス）」記号でそのまま連結できました。

　もちろん、足し算や引き算が意味を持たないデータ型もたくさんあります。ですが、date型のように自然な形で引き算を定義できるのは、Pythonがそうした機能をあらかじめ備えてくれているおかげなのです。

補足　ただしオブジェクト指向言語の中でも、Javaなどは、このようなコードを書くことはできません。

STEP 2　データ属性

　ところで、Pythonで5 - 1を計算した結果は4で、同じ整数型になりますが、date型からdate型を引いた結果は、実はdate型ではありません。計算結果は、「timedelta型」という日付と日付の差を表現するためのデータ型に格納されます（図10）。

▼ 図10　date型の差分はtimedelta型

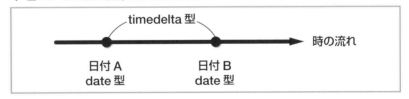

　このtimedelta型ですが、よくよく考えるとたいしたデータ型ではありません。ただ単に、2点間の時間の差を保持しているだけです。ですから、timedelta型には呼び出すことができるメソッドが1つもありません。print関数を使えば持っている情報を文字列にして画面に表示できますが、日数の差だけを受け取りたい場合は次のようなコードを書くこともできます。

```
>>> days_2008.days
366
```

timedelta型が持っているdaysという変数が、366という日数の差を数字として持っています。最後に丸括弧()がないので、これはメソッド呼び出しではありません。timedelta型のインスタンスである「days_2008」が持っている、「days」という名前の変数です。

あるデータ型が持っている専用関数のことを「メソッド」と呼びましたが、このような、あるデータ型に属している専用変数のことを、**データ属性（データアトリビュート）**または、単に**属性（アトリビュート）**と呼びます。

STEP 3 何日生きたか計算するプログラム

注意 コードをまとめてスクリプトファイルにする方法がわからなくなってしまったら、1章の最後に戻って確認しましょう。

それでは、自分が今日で何日生きたのかを計算して、画面に表示するプログラムを作ってみましょう。

第1章でやったように、テキストエディタを使ってプログラムを書いていきます。プログラムのファイル名は、life_time.pyとし、ファイルの保存先は、pyworksフォルダにしておきましょう。利用しているテキストエディタにPythonモードがある場合は、プログラムを書く前に設定しておきましょう。

プログラムの流れを、図11に示します。これまでの知識を思い出すと、これらの動作を実現するためのコードが、頭の中でイメージできるかもしれません。どんなに大きなプログラムも、1つ1つの小さなコードの積み重ねです。目的を達成するために、どのようなコードをどういった順番で並べれば良いのか？これを見つけられるようになることが、プログラムを作れるようになるための大きな一歩です。

▼ 図11 何日生きたか計算するプログラムの流れ

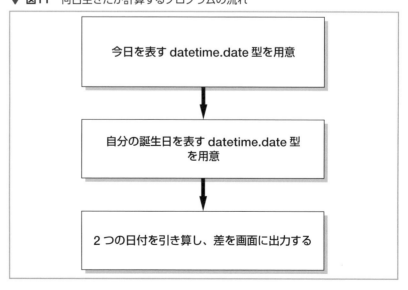

実際のプログラムは、次のようになります。

補足 import文の後に1行空けているのは、見やすくするためですので、必須ではありません。

```
import datetime

today = datetime.date.today()
birthday = datetime.date(1975,8,3)
life = today - birthday
print(life.days)
```

　保存した「life_time.py」を実行してみましょう。エラーが出なければ、生まれてから何日生きたかが表示されます。シンプルな実行結果なので、みなさんも試してみてください。結果が日数で表示されるので、結構生きてるものだと実感できるでしょう…。

まとめ

- datetime.date型のようなデータ型は、組み込みデータ型を材料に作ることができます。このとき最初に呼び出すメソッドは、初期化メソッドという特殊なメソッドです。
- ある型を持ったデータの実体を、インスタンスと呼びます。
- 似ているモノ（型）をまとめたものが、モジュールです。日付を表すdate型や時刻を表すtime型は、datetimeモジュールにまとまっています。
- メソッドは、その動作の違いから大きく3種類に分けられます。
- データとメソッドが一緒にまとまっているPythonのデータ型は、「オブジェクト」に相当します。

練習問題

1. datetime.date型の初期化メソッドを使って、日付を表現するデータを用意してみましょう。何日でもかまいませんが、今日がわかりやすいでしょう。
2. datetime.date型が持っているメソッドを使って、今日の日付を表現するデータを用意してみましょう。
3. Pythonのモジュールと、そこに含まれるデータ型の関係を、「実際のモノ」でたとえる例を作ってみましょう（本文中で使われた果物や魚以外で）。

第4章

データの入れ物

名刺入れやフォトアルバム、それにCDケースなど、身の回りには何かをまとめておくためのモノが結構あるものです。同じように、Pythonにもデータをまとめておくためのデータ型がたくさんあります。

4-1 データの入れ物

この章で学ぶこと

これまでの解説で、Pythonのデータ型の全体像を紹介しました。この章では、データをまとめて管理するための「データ型」に焦点をあて、詳しく説明します。

POINT 1　データの入れ物

音楽CDや映画のDVDを、みなさんはどのように管理しているでしょうか？

広い部屋にCDやDVD専用の大きな棚がある方なら、難なく収納できるかもしれませんが、あまり場所がなく、片付けの苦手な方は、CDを収納するケースを利用したことがあるかもしれません（図1）。

Pythonにおけるプログラミングでも、このようにデータをまとめて管理できるデータ型があります。

▼図1　ばらばらのCDと1つのケースに収まったCD

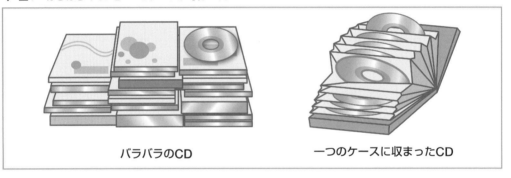

バラバラのCD　　　一つのケースに収まったCD

POINT 2　リスト型

データに、0からはじまる番号を付けて、まとめて管理するのがリストでした（図2）。リストは、たくさんのメソッドを持っています。これらのメソッドを通じて、リストを操作する方法を学びましょう。

▼図2　リスト型のイメージ

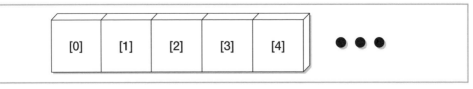

POINT 3　辞書型

　CDをまとめて収納できるCDケースの場合、CDは収納できてもジャケットを一緒に管理できません。ここでは、ジャケットは別の冊子にまとめて保管して、それぞれのジャケットのCDがCDケースのどこに入っているかを管理できるCDケースを考えてみましょう。具体的には、図3のような仕組みです。ジャケット用の冊子とCDケースが別になっていて、ジャケットの一覧から聴きたいCDを見つけ、その番号を確認してケースから実際のCDを取り出します。

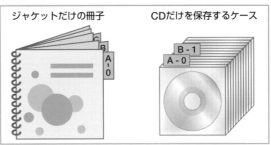
▼ 図3　ジャケットとCD本体を別々に管理

　これを実際にやるには、新しいCDを追加するときに、ジャケットとCDに同じ番号（記号）を付けておくという作業が必要になります。これを自動でやってくれるのが、Pythonの辞書型なのです。

　辞書型では、データの順番は関係ありません。それぞれのデータに印となる名前を付けて、後でわかるように保存しておくイメージです（図4）。この名前のことを「キー (key)」、保存されているデータを「値 (value)」と呼びます。保持されているデータにアクセスしたい場合は、キーを使って呼び出します。実際の辞書型を使いながら細かく学んでいきましょう。

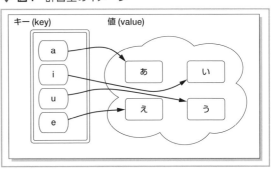
▼ 図4　辞書型のイメージ

POINT 4　その他の入れ物

　リスト型と辞書型以外のデータの入れ物として、タプル (tuple) とセット (set) も紹介します。タプルはリストに似ていますが、一度作ったら内容を変更することができません。一方、セットはデータの漠然とした集まりで、同じ内容のデータを追加すると自動的に1つにまとめられます。これら2つのデータ型について、最後に少し解説します。

4-2 データの入れ物

リスト型

まず、リスト型についてしっかり理解しましょう。リスト型は、実際のプログラムの中で非常によく使われます。強力な機能をいくつも備えていますが、とても簡単に利用できるのが特徴です。

STEP 1　リスト型データの作成

リストは、中に入れるデータに0から順番に番号が付く仕組みになっています。まず、インタラクティブシェルを起動して、リスト型を実際に使ってみましょう。

リストは、「,」（カンマ）で区切ったデータを角括弧[ ]でくくると、作ることができます。簡単な例として、0から3までの整数4つを格納するリスト型のインスタンスを作って、list_intという名前を付けてみます。

> 補足　インスタンスとは、ある型に属する実際のデータ（実体）のことです（75～76ページ参照）。

> 補足　画面への出力は、変数名をそのまま入力してもprint関数を使っても同じです。

```
>>> list_int = [0,1,2,3]
>>> print(list_int)
[0, 1, 2, 3]
```

もちろん、整数だけにする必要はありません。小数型や文字列型もリストの要素にできますし、これらを混ぜて作ることもできます。次の例では、整数型と小数型と文字列型のデータを、1つのリストにしています。

```
>>> list_mix = [2,1.732,'test']
>>> print(list_mix)
[2, 1.732, 'test']
```

STEP 2　添字を使って要素にアクセス

リストでは、角括弧[ ]を使って番号を指定することで、その番号の場所に格納されたデータを取り出すことができます。このとき、添字になる番号は0から指定します。作成したリストで試してみましょう。

```
>>> list_mix[0]
2
```

また、リストの長さ(項目数)は、組み込み関数lenを使って確かめられます。

```
>>> len(list_int)
4
>>> len(list_mix)
3
```

補足 エラーの種類や対処方法については、後の章で詳しく説明します。

list_intの長さは4ですから、添字の範囲は0から3までです。試しに、添字に4を指定して、5つ目の要素を取り出そうとすると、以下のようなエラーが発生します。

```
>>> list_int[4]
Traceback (most recent call last):
  File "<stdin>", line 1, in <module>
IndexError: list index out of range
```

案の定、「リストの範囲を超えています」と怒られてしまいました。

list_intの長さは4なので、最後の要素を取り出したいときは、添字に3を指定すれば良いことになります。しかし、あらかじめ長さを調べておくのは面倒ですね。実は、リストの長さを知らなくても、次のようにすれば最後の要素を取り出すことができます。

```
>>> list_int[-1]
3
```

-1は最後の要素に対する特殊な添字です。では-2はどこを指すでしょうか？なんとなく予想できるように、最後から2番目です。

リストの添字の指定方法を、図5にまとめておきます。個別の要素へは、0からはじまる正数の添字を使うのが基本で、負の添字は、後ろの方にある要素にアクセスするときに使うのが便利です。

▼ 図5　listの添字

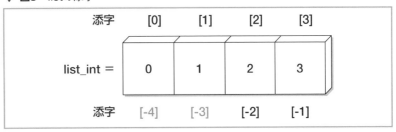

リストの要素には0からはじまる添字でアクセスする
添字「-1」は、最後の要素を示す

STEP 3 要素の変更と追加

リストでは、格納しているデータの要素を個別に変更することもできます。

```
>>> list_int[0] = -1
>>> list_int
[-1, 1, 2, 3]
```

これは、list_intの0番目の要素を、0から-1に変更している例です。もう一度0を代入すれば、もとに戻ります。

```
>>> list_int[0] = 0
>>> list_int
[0, 1, 2, 3]
```

リストも1つのデータ型ですので、いろいろなメソッドを持っています。たとえば、リストに新しいデータ要素を追加したいときは、appendというメソッドを使います。

```
>>> list_int
[0, 1, 2, 3]
>>> list_int.append(4)
>>> list_int
[0, 1, 2, 3, 4]
```

これで、list_intに新たに4が追加されました。appendで追加された要素は、リストの最後に付け加えられます（図6）。

注意 appendがリストの内容を変更していることに注意しましょう。このメソッドや次ページのinsertは、「中身を変えて結果を返さないメソッド」です（72ページ参照）。

▼ 図6　要素の追加：append

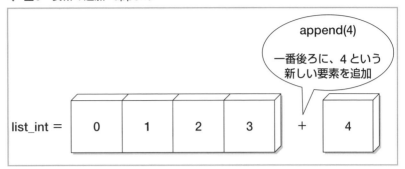

 appendを使って、リストの一番後ろに要素を追加

　リストに要素を追加するとき、挿入する場所を指定することもできます。それには、insertメソッドを使います。insertメソッドは2つの引数を取ります。最初の引数は、要素を追加する場所です。2つ目の引数で、追加する要素を指定します。

```
>>> list_int.insert(1,5)
>>> list_int
[0, 5, 1, 2, 3, 4]
```

　この例では、添字1の場所に、データ5を挿入しています。挿入した場所にもとからあった要素は、1つずつ後ろにずれます（図7）。

▼ 図7　要素の挿入：insert

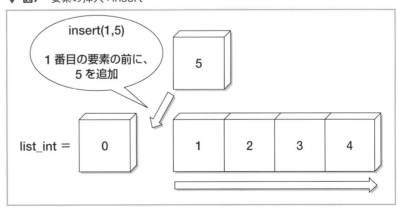

STEP 4　要素の削除

リストの要素を削除することも可能です。これには、2つの方法があります。消したい要素を添字で指定する方法と、直接指定する方法です。

添字を使った要素の削除には、popというメソッドを使います。popメソッドの引数に、消したい要素が入っている場所の添字を指定します。list_intの要素を消してみましょう。

```
>>> list_int.pop(1)
5
>>> list_int
[0, 1, 2, 3, 4]
```

これで、1番目の要素である5が削除されました。popを使うと、削除した要素がメソッドの戻り値として返ってきます。1番目が消されて、2番目以降の要素が1つずつ左にずれているのがわかります（図8）。

▼ **図8**　要素の削除1：pop

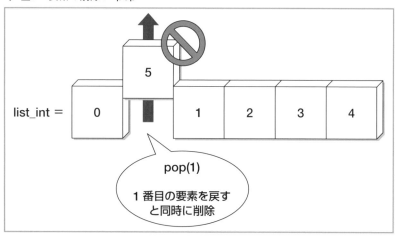

補足　popを使うと削除した要素が戻り値になるので、削除ではなく"要素を取り出している"と考えることもできます。

一方、要素を直接指定して削除する場合は、removeメソッドを使います。メソッドの引数に削除したい要素を指定します。list_mixで試してみましょう。

```
>>> list_mix.remove('test')
>>> list_mix
[2, 1.732]
```

'test'を直接指定して、削除することができました。ただ単純に指定の要素が

消えるだけなので、popメソッドと違って値は戻ってきません（図9）。

▼ 図9 要素の削除2：remove

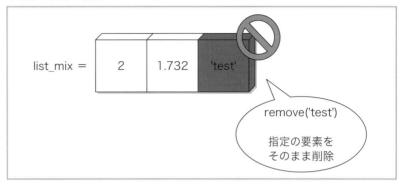

　ところで、これらのメソッドはすべて、自分自身の状態が変更されるメソッドです。appendやinsertでは、リストに新しい要素が追加されますし、popやremoveでは、今ある要素がなくなります。どちらにしても、入れ物としてのリストの状態が変化することになるわけです。

STEP 5　リストの連結と拡張

　リストどうしは、足し算ができます。複数のリストを+でつなげると、それらが連結されて新しいリストが作られます。list_intとlist_mixを足してみましょう。

注意 同じ+記号を使っていますが、整数どうしの足し算や、文字列どうしの足し算とはまた結果が違っています。

```
>>> list_int + list_mix
[0, 1, 2, 3, 4, 2, 1.732]
```

　画面への出力結果からわかるように、list_intとlist_mixをもとにして新しいリストが作られています。このとき、もとになったlist_intとlist_mixはどちらも変更されません。
　また、extendというメソッドを使って、list_intにlist_mixの要素をすべて追加することも可能です。

```
>>> list_int.extend(list_mix)
>>> list_int
[0, 1, 2, 3, 4, 2, 1.732]
```

　この場合は、list_intの中身が変更されました。list_mixが持っていた2つの数字が、list_intの後ろに新たに追加されたのです。この違いを、図10にまとめておきます。

▼ 図10　リストの連結と拡張

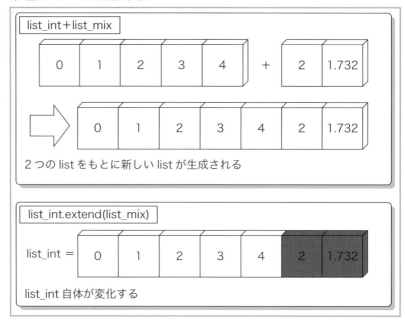

リストは+で足し算できる。リストの拡張はextendで行う

STEP 6　少し高度なリストの技

　スライスという機能を使うと、リストの一部の要素だけを簡単に切り出すことができます。少しややこしいので、例を見ながら進めていきましょう。
　少し長めのリストを用意して、list_fという名前を付けます。このlist_fの最初の3つだけを切り出して、新しいリストを作ってみましょう。

補足　list_fに入れた整数の列は、フィボナッチ（Fibonacci）数列という数の並びです。最初の2つ以外は、前の2つの数字を足し合わせた数字が順々に並んでいます。

```
>>> list_f = [0, 1, 1, 2, 3, 5, 8, 13, 21, 34, 55]
>>> list_f[0:3]
[0, 1, 1]
```

　これがスライスという機能で、コロンを含んだ変な添字が使われています。結果を見ると、確かに最初の3つの要素を持つ新しいリストができています。
　添字の「0：3」は、「0番目からはじまって3番目の1つ手前までの要素を取り出す」という意味です。つまり、0番目から2番目までの3つです。「：」（コロン）の左側は含んで、右側は含まないので、2番目から4番目の3つの要素がほしい

注意　これまでも何度か目にした、「最初は含んで一番最後は含まない」という範囲指定の方法です。

ときは、以下のように指定します。

```
>>> list_f[2:5]
[1, 2, 3]
```

「指定の場所から最後まで」や、「最初の要素から指定の場所まで」といったことも、簡単にできます。

```
>>> list_f[2:]        ← 2番目から最後までのリストを作る
[1, 2, 3, 5, 8, 13, 21, 34, 55]
>>> list_f[:4]        ← 最初から4番目の1つ前までのリストを作る
[0, 1, 1, 2]
```

これは、それぞれlist_f[2:11]、list_f[0:4]と書くのと同じことです。何も指定しない場合は、「:」の左側が最初の要素、右側が最後の要素（添え字としては最後の次）とみなされるのです。

たくさんの例が出てきましたので、図11を見ながら、スライスの機能をおさらいしておきましょう。すぐに使えるようにならなくても大丈夫です。プログラミングの上達に合わせて、技として取り込んでいきましょう。

▼ 図11 リストのスライス

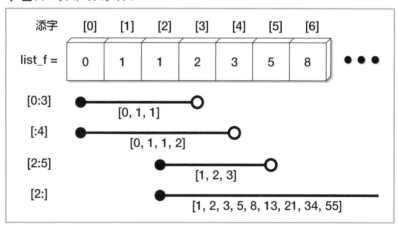

ポイント　スライスを使うとリストの一部を切り出せる

STEP 7 並べ替え

　リストには、メソッドを使って新しい要素を追加することができますが、データの並び方は追加した順番のままです。それが便利でもあるのですが、データを数値の大小やアルファベット順などで並べ替えたいときもあるでしょう。
　実は、リストは保持している要素を並べ替える能力も持っています。これには、sortやreverseといったメソッドを使います。
　まず、テスト用に適当なリストを用意しましょう。並び替えの効果が実感できるようなリストlist_testを作ります。

```
>>> list_test = [4,9,3,-1,0]
>>> list_test
[4, 9, 3, -1, 0]
```

　このリストにsortメソッドを使うと、小さい順（昇順）に並べ替えてくれます。

```
>>> list_test.sort()
>>> list_test
[-1, 0, 3, 4, 9]
```

　reverseメソッドは、リストに格納されているデータの順序を逆さまにします。

注意 sortメソッドは数字の大小を考えて要素を並べ替えてくれますが、reverseは単純に今の順番を逆さまにするだけです。

```
>>> list_test.reverse()
>>> list_test
[9, 4, 3, 0, -1]
```

　これで、最初のlist_testを大きい順に並べ替えることができました。reverseメソッドは順序を逆にするだけですので、もう一度呼び出すともとの小さい順の並びに戻ります。

```
>>> list_test.reverse()
>>> list_test
[-1, 0, 3, 4, 9]
```

　この方法は、文字列にも適用できます。4つの単語からなるリストlist_osを定義して、sortメソッドで並べ替えてみます。

```
>>> list_os = ['windows','mac','linux','BeOS']
>>> list_os.sort()
>>> list_os
['BeOS', 'linux', 'mac', 'windows']
```

補足 BeOSはその昔実在したOSですが、知っている人はあまりいないかもしれません。

今度は、アルファベット順に並んでいるのがわかると思います。ところで、大文字と小文字の区別はあるのでしょうか？ windowsをWindows、macをMacに変更して、試してみましょう。

```
>>> list_os = ['Windows','Mac','linux','BeOS']
>>> list_os.sort()
>>> list_os
['BeOS', 'Mac', 'Windows', 'linux']
```

linuxだけ小文字ではじまるようにしたところ、最後になってしまいました。sortメソッドでは、大文字が小文字より先になるルールだということがわかります。

補足 並べ替えは、組み込み関数sortedを使ってもできます。sortedは、引数に取ったリストを並べ替えて、戻り値として返します。

ポイント
sortでリストの並べ替えができる
reverseはリストの並び順をひっくり返すだけ

STEP 8　空っぽのリスト

最後に、空っぽのリストを作ってみましょう。

```
>>> new_list = []
>>> print(new_list)
[]
```

補足 実際のプログラムでは、最初に空っぽのリストを用意することが多いので、作り方をぜひ覚えておきましょう。

このように角括弧[ ]だけを入力すると、中身が空のリストができます。空のリストに要素を追加するときは、もちろんappendメソッドが使えます。

```
>>> new_list.append('apple')
>>> new_list.append('orange')
>>> print(new_list)
['apple', 'orange']
```

空っぽのリストは、[ ]で作る

コラム　ドキュメントを参照しよう

　Pythonには、さまざまなデータ型があります。それぞれの型は、その中にまたたくさんのメソッドを持っていますので、とても本書で説明しきれる量ではありませんし、そう簡単に覚えられるものではありません。

　本格的にプログラミングをはじめるようになると、本書以外の資料が必要になってきます。Pythonをはじめとしたプログラミング言語には、その取り扱い説明書に相当するドキュメント（参考資料）が存在します。付録Gに、学習の助けになるサイトや書籍を紹介しておきましたので、参考にしてください。

コラム　インタラクティブシェルを活用しよう

　これから先、実際のプログラムを書いている途中で、メソッドの使い方を忘れてしまうことはよくあります。そんなとき、インタラクティブシェルが非常に役に立つのです。

　メソッドの使い方を忘れてしまったら、ドキュメントを参照することも重要ですが、インタラクティブシェルを使えば、メソッドを実際に書いて試してみることができます。なんとなく覚えているメソッドを実際に試すことで、その動きを思い出すことができるわけです。

データの入れ物

4-3 辞書型

辞書型は、1つ1つのデータに名前を付けて保存します。とても便利なデータ型で、リストと同じく、実際のプログラミングでよく使われます。

STEP 1　辞書型を使ってみよう

表1は、国際電話をかけるときに使われる、主な国の国番号です。このデータを使って、辞書型（dict型）の使い方を学んでいくことにしましょう。ちなみにdictは、dictionaryの短縮です。

補足　dictionaryは、「辞書」の英訳に対応する単語です

▼ 表1　国際電話の国番号

番号	国	番号	国
1	アメリカ合衆国	20	エジプト
30	ギリシャ	33	フランス
39	イタリア	43	オーストリア
44	イギリス	49	ドイツ
53	キューバ	55	ブラジル
54	アルゼンチン	60	マレーシア
687	ニューカレドニア	7	ロシア
81	日本	82	韓国
86	中国	91	インド
93	アフガニスタン	966	サウジアラビア

　実物の辞書は、英和辞典でも国語辞典でも、調べたい単語をキーワードにしてその単語の説明文を探しますね。Pythonの辞書型も同じ構造です。**キー（key）** と **値（value）** をペアで保存し、キーを使って値を呼び出します。
　ここでは、国番号をキーに、国名を値にした辞書型データを作ってみましょう。表の国番号を全部入力するのは大変なので、いくつかの国について、その対応表を保存した辞書を作成してみます。

キーと値をコロン (:) でつなげて一組として、それらをカンマ (,) で区切って並べます。全体を波括弧{ }でくくれば、辞書型を作ることができます。変数名をcountry_codeとすると、次のようなコードになります。「:」と「,」に気をつけながら入力してみてください。

```
>>> country_code = {1:'America',39:'Italia',86:'China'}
```

補足 変数名は何でも構いません。簡潔にc_codeでも良いですし、tel_codeなどとしても良いでしょう。ただ、大規模なプログラムを作るときは、できるだけ後からわかりやすい変数名にしたいところです。

何もエラーが表示されなければ入力完了です。この操作によって、図12のような辞書型のインスタンスが完成します。

▼ **図12** キーと値が内部でこっそり関連付けられる

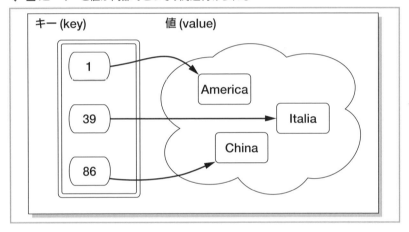

ポイント　辞書はキーと値のペアを保存する

STEP 2　辞書型を操作してみる

キーを使うと、対応する値を取り出すことができます。キーの指定には、リストの添字と同じように角括弧[ ]を使います。キーが39の国を呼び出してみましょう。

```
>>> country_code[39]
'Italia'
```

リストと書き方が似ていますが、リストと違って39番目のデータを取ってきて

いるわけではありません。キーの一覧の中から、39というデータを探して、それに対応するItaliaという文字列データを見つけてくれているのです。ですから、キーとして存在しないデータを指定すると、エラーになります。

注意 辞書はキーから値を取り出す構造になっているので、この場合、値'Italia'を指定してキー39を取り出すことはできません。

```
>>> country_code[81]
Traceback (most recent call last):
  File "<stdin>", line 1, in <module>
KeyError: 81
```

　プログラムの途中でエラーが出て止まってしまうと困りますので、キーが存在するかどうかを事前に確認する方法が用意されています。これには、inというキーワードを使います。結果は、TureかFalseの真偽型で返ってきます。

```
>>> 81 in country_code
False
>>> 39 in country_code
True
```

　国番号39に対応するデータ（イタリア）はありますが、国番号81のデータ（日本）はないことがわかります。

STEP 3　要素の追加と変更

　新たなキーと値のペアは、簡単に追加することができます。書き方は、キーを使って値を呼び出したときと同じように、角括弧[ ]を使います。日本のデータを追加してみましょう。

```
>>> country_code[81] = 'Japan'
>>> print(country_code)
{1: 'America', 81: 'Japan', 86: 'China', 39: 'Italia'}
```

　81というキーが存在しないので、81とJapanの組み合わせを辞書の中に追加してくれました。これで、country_codeは図13のようになりました。

▼ 図13　81とJapanのペアが追加される

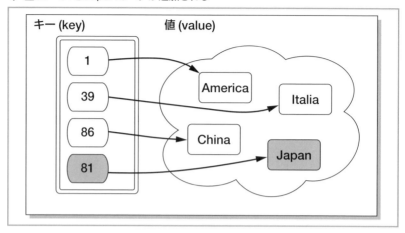

　もし、追加した要素がすでに辞書の中にある場合は、同じ書き方で、そのキーに対応した値を変更することができます。

```
>>> country_code[81] = 'Nippon'
>>> print(country_code)
{1: 'America', 81: 'Nippon', 86: 'China', 39: 'Italia'}
```

　81というキーがすでにあるので、そこに関連付けられていたJapanという文字列データは、Nipponというデータで上書きされました（図14）。

▼ 図14　キー81の値JapanがNipponで上書きされる

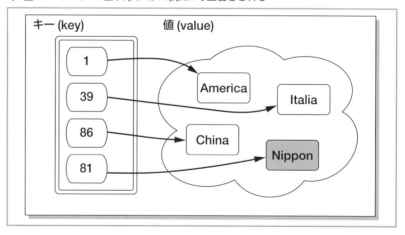

　ここまでの例でわかるように、辞書のキーは、同じデータが複数あることを許しません。同じキーがあると、値を上書きしてしまいます。一方、値はキーにぶ

ら下がっているので、辞書の中に同じ値が複数あっても構いません。たとえば、キー1に対応している値を、キー81と同じNipponにしてしまうことができます（図15）。

```
>>> country_code[1] = 'Nippon'
>>> print(country_code)
{1: 'Nippon', 81: 'Nippon', 86: 'China', 39: 'Italia'}
```

▼ **図15** キー1の値AmericaをNipponにした例

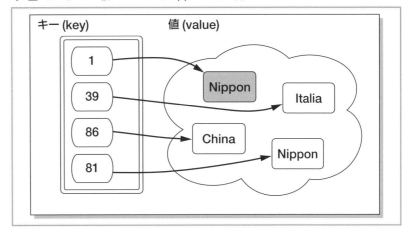

辞書の中では、キーはいつもオンリーワン

STEP 4　値の削除と空っぽの辞書

　キーを指定して、辞書からキーと値のペアを削除することができます。これには、リストと同様にpopメソッドを使います。指定されたキーとそれに関連付けられた値が、まるごと削除されます。キーが指定された辞書にないときは、エラーになります。

　キー1とその値を削除してみましょう。

```
>>> country_code.pop(1)
'Nippon'
>>> country_code
{81: 'Nippon', 86: 'China', 39: 'Italia'}
```

popメソッドは、指定されたキーと値のペアを削除しますが、その際に値だけを返します。その結果、辞書の中身は図16のようになります。

▼**図16**　1とNipponのペアを削除

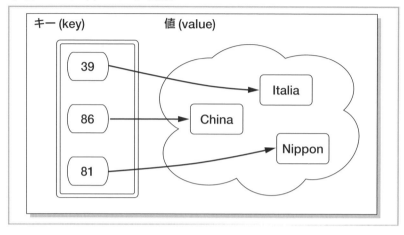

　また、中身が空っぽの辞書は、次のように波括弧{ }だけを書いて作ることができます。

```
>>> new_dict = {}
```

　空の辞書には、キーと値のペアをどんどん追加できます。リンゴとオレンジの値段を格納してみましょう。

補足　どんな組み合わせでも構いません。思いつくまま辞書の機能を試してみてください。

```
>>> new_dict['apple'] = 100
>>> new_dict['orange'] = 140
>>> new_dict
{'orange': 140, 'apple': 100}
```

空っぽの辞書型データは、{ }で作る

データの入れ物

その他の入れ物

その他のデータ型である、タプル（tuple）とセット（set）について簡単に説明しておきます。とはいえ、リストと辞書を理解するほうが重要ですので、混乱してしまいそうならこの節は読み飛ばしても構いません。

STEP 1　タプル

タプル（tuple）は、簡単に言うと、要素の追加や削除ができないリストです。作ったら最後、内容を変えることができません。要素へのアクセスは、リストと同じようにできます。ここでは、簡単にタプルの概要を見ておきましょう。

● タプルにふれる

タプルは、丸括弧( )を使って書きます。中に格納できる要素に制限はありませんので、リストと同じように整数型や文字列型などを入れることができます。

```
>>> tuple_test = (1,2,3,'100yen')
>>> tuple_test
(1, 2, 3, '100yen')
```

追加や削除はできませんが、添字を使って中身にアクセスすることはできます。添字は、リストと同じように[ ]を使います。

```
>>> tuple_test[3]
'100yen'
```

添字の開始は0からで、これもリストと同じです。特殊な添字を使って、一部を切り出す操作（スライス）も可能です。

```
>>> tuple_test[0:3]
(1, 2, 3)
```

これで、新しいタプルができます。なお、長さが1のタプルを作るときだけは、注意が必要です。リストと違って、最後に1つ余計なカンマが付きます。

```
>>> tuple_one = (1)
>>> tuple_one
1                                    ← ただの整数になった
>>> tuple_one = (1,)
>>> tuple_one
(1,)                                 ← タプルが作られた
```

このように、要素が1つしかないときは、最後にカンマを付けないとPythonがタプルとして認識してくれません。

● タプルからリストを作る

前述したように、タプルは要素の追加や、変更、削除ができませんし、順序の変更もできないため、sortなどのメソッドも持っていません。こうした操作をする必要が生じた場合は、タプルをもとにしてリストを作る必要があります。

```
>>> list(tuple_test)
[1, 2, 3, '100yen']
```

補足 リストを辞書のキーにすることはできませんが、タプルはできます。実はこれが、リストとタプルの最大の違いです。

このように、組み込み関数listを呼び出すことによって、tuple_testの全要素を持った新しいリストが作られます。このリストに変数名を付けて保持すれば、その後はリストとして扱うことができます。

タプルは、変更できないリストのこと

STEP 2 セット

セット(set)とは、単純なデータの集まりです。リストやタプルのような順番もなければ、辞書のような値を呼び出すキーもありません。箱の中にただ乱雑におもちゃが入っているイメージです(図17)。大きな特徴は、"同じもの"が2つ以上入らないというところです。

▼ **図17** セットのイメージ図

空っぽのセットは、組み込み関数setを使って次のようにして作ります。

```
>>> test_set = set()
>>> print(test_set)
set()
```

セットに要素を追加するには、addメソッドを使います。test_setに1から3までの整数を追加してみましょう。

```
>>> test_set.add(1)
>>> test_set.add(2)
>>> test_set.add(3)
>>> print(test_set)
{1, 2, 3}
```

同じデータは、最大で1つだけしか保持されません。試しに、もう一度3を加えてみましょう。すでに3があるので、test_setの内容は変更されません。

```
>>> test_set.add(3)
>>> print(test_set)
{1, 2, 3}
```

ある値がセットに入っているかどうかは、inを使って確かめられます。

```
>>> 1 in test_set
True
>>> 10 in test_set
False
```

1はtest_setの中に含まれますが、10は含まれないことが確かめられました。

なお、セット内の要素を削除したいときは、removeを使います。test_setから、3を削除してみましょう。

補足 リストと同様に、popメソッドを使うこともできます。popメソッドでは、3が削除されると同時に値として返ってきます。

```
>>> test_set.remove(3)
>>> print(test_set)
{1, 2}
```

補足 もとになるデータは、タプルでも構いません。

リストをもとにセットを作るときは、組み込み関数setを呼び出して、引数にリストを指定します。リスト[1,2,3]をセットに変換してみましょう。

```
>>> from_list = set([1,2,3])
>>> print(from_list)
{1, 2, 3}
```

このように、組み込み関数setを使うと、リストからセットを作ることができます。

セットは、辞書型に使う波括弧{ }に要素を並べることでも、作ることができます。次の例では、要素の中に「2」が重複しているので、出来上がったセットからは「2」が1つ分取り除かれています。

```
>>> {1,2,2,3}
{1, 2, 3}
```

ただし、これはあくまでも「中身がある」セットを作る場合の書き方です。波括弧{ }だけを書くと空っぽの辞書型になるので、注意してください。

ポイント セットには同じデータは1つしか入らない

データの入れ物

単語並べ替えプログラム

この章の締めくくりに、リストを使って単語を並べ替えるプログラムを作ってみましょう。これまでの知識を使えば、それほど難しくありません。

STEP 1　プログラムの概要

今回作成するのは、簡単な単語並べ替えプログラムです。OSのシェルからPythonプログラムを実行するときに、複数の単語を受け取って、これを並べ替えて返します。スクリプトファイルの名前は、words_sort.pyとしましょう。

図18に、このプログラムの実行イメージを示します。

▼図18　単語並べ替えプログラムの実行イメージ

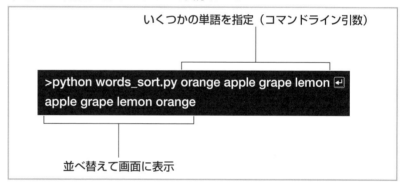

このプログラムを作るにはどうすれば良いでしょうか？ 並べ替えは、リストのsortメソッドを使えばできそうです。しかし、並べ替える単語データはどのように受け取れば良いのでしょうか？

 OSのシェルからデータを受け取るにはどうしたら良いのだろう？

STEP 2 コマンドライン引数

　実は、OSのシェルからプログラムを実行するときに、値をプログラムに渡すことができます。これを、**コマンドライン引数（コマンド行引数）** と呼びます。図18の場合、orangeやappleといった並べ替える単語の1つ1つが、コマンドライン引数になります。

　OSのシェルからPythonのプログラムを実行する場合、pythonの後に半角スペースを空けて、実行するプログラムのファイル名を書きます。コマンドライン引数は、さらにその後に半角スペースで区切って書きます。ここで書かれた文字列は、実行するプログラムの中で利用することができるのです。

　Pythonでは、sysというモジュールで、コマンドライン引数を扱うための機能を実現しています。そのため、コマンドライン引数を利用する前に、sysモジュールをimportするのを忘れないようにしましょう。

　sysモジュールを読み込むと、プログラムの中で、sys.argvという変数を通じてコマンドライン引数を取り出すことができます。sys.argvはリスト型のデータで、sys.argv[0]には、実行するプログラムの名前が入っています。ユーザーが指定するコマンドライン引数は、sys.argv[1]以降に格納されています（図19）。

> 補足　コマンドライン引数は、プログラムはそのままに、実行するときの条件だけを変えたいときに使うと便利です。

▼ 図19　コマンドライン引数

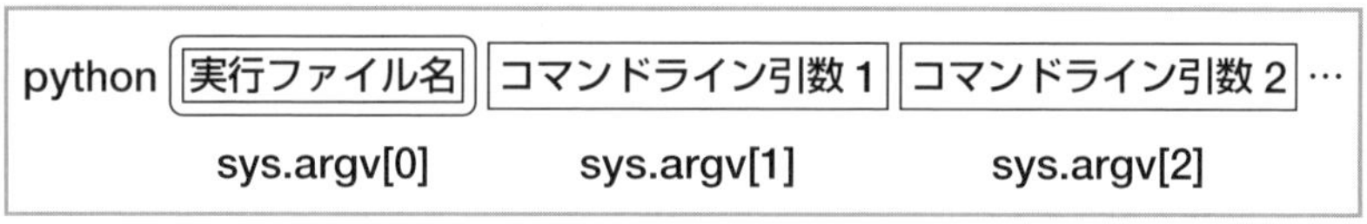

python	実行ファイル名	コマンドライン引数 1	コマンドライン引数 2	…
	sys.argv[0]	sys.argv[1]	sys.argv[2]	

　たとえば、2個目のコマンドライン引数は、sys.argv[2]として取り出すことができます。

> 補足　コマンドライン引数を、もっと本格的にプログラムの中で扱いたい場合は、argparseモジュールを利用すると便利です。

ポイント　コマンドラインから受け取ったデータは、sys.argvリストに入る

STEP 3 プログラムを書く

　コマンドライン引数の使い方がわかれば、後は簡単です。

　図20に、処理の流れをまとめておきます。ポイントは、sys.argvの最初の要素はプログラムの名前であるため、スライスを使って1番目以降を取り出している点です。

▼ 図20　単語並べ替えプログラムの処理の流れ

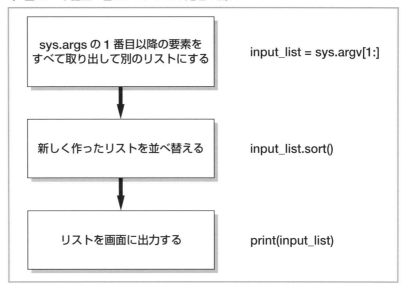

　実際のスクリプトは、次のようになります。テキストエディタで入力して、words_sort.pyという名前で保存しましょう。

```
import sys

input_list = sys.argv[1:]
input_list.sort()
print(input_list)
```

　実際にOSのシェルで実行した結果は、次のようになります。ここでは、orange、apple、grape、lemonの4つを指定していますが、もちろんどんな単語でも、いくつ指定しても構いません。せっかく作ったので、いろいろな単語で試してみてください。

```
> python words_sort.py orange apple grape lemon ⏎
['apple', 'grape', 'lemon', 'orange']
```

まとめ

- Pythonには、データをまとめて管理するためのデータ型があります。
- リストは、データを順番に並べて管理します。格納されているデータには、0からはじまる番号でアクセスします。
- 辞書型は、データ（値）に名前（キー）を付けて管理します。格納されているデータには、名前（キー）を使ってアクセスします。
- タプルは変更できないリストです。また、セットは順番などの概念がない単純なデータの集まりです。
- sysモジュールのargvという変数を利用すると、コマンドラインから文字列を受け取ることができます。

練習問題

1. リストにも、いろいろなメソッドがあります。要素を追加するときは ① が使われ、要素を昇順に並べ替えるには ② を使います。 ③ を使うと、リストの並びが逆順になります。
2. インタラクティブシェルで空っぽのリストを作り、適当な要素を追加してみましょう。1,2,3や'a','b','c'など、簡単な要素で構いません。
3. 空っぽの辞書を作って、適当な要素を追加してみましょう。'a','b','c'のそれぞれに、'A','B','C'を対応させるような簡単なもので構いません。
4. リストの要素を削除するメソッドに、removeがあります。あるリストに同じ要素が2個以上あるとき、removeを使うとどうなるのでしょうか？

第5章

条件分岐と繰り返し

この章の内容は、プログラミングを習得するためにはどうしても越えなければならない峠のようなものです。代わりになる道がないので、避けては通れませんが、理解できればかなり高度なプログラムを作ることができます。

5-1 この章で学ぶこと

条件分岐と繰り返し

この章では、「条件分岐」と「繰り返し」の構文を学びます。この2つは、プログラムを作れるようになるための必須の知識です。Pythonでは、これらの機能もシンプルに整理されています。まずはforとifからしっかり理解していきましょう。

POINT 1　本格的なプログラミングのために

ここまでの章では、データ型とその使い方を中心に学んできました。こうした知識も重要ですが、本格的にプログラミングができるようになるには、この章で学ぶ、条件分岐と繰り返し処理の構文を習得する必要があります。

この章が理解できれば、プログラミングのスキルはかなり上がります。少しややこしいところもありますが、頑張ってしっかり理解しましょう。

POINT 2　処理を繰り返す構文

Pythonで繰り返し処理をするには、for文とwhile文のどちらかを使います。for（フォー）には、英語で「（目的地になどに）向かって」という意味があります。for文は、リストなどを先頭の要素から順に処理していくときに使います。たとえるなら、電車がまっすぐな線路を、はじめから終わりまで各駅停車で進むイメージです（図1）。

▼ 図1　for文のイメージ図

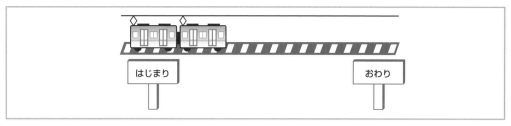

while（ホワイル）には、英語で「〜の間ずっと」という意味があります。while文は一定の条件が成立する間はずっと処理を行い続けます。条件が成立しなくなると、処理の繰り返しが終わります。電車でたとえると、環状線をぐるぐる回っている電車が、その日の業務を終えると引き込み線から車庫に入るイメージです（図2）。

▼図2　while文のイメージ図

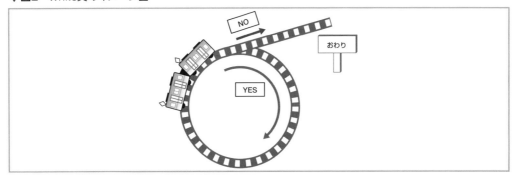

POINT 3　条件でその後の処理を変える構文

　条件に応じてその後の処理を変える仕組みもあります。それが、if文です。if（イフ）には、英語で「もし〜ならば」という意味があります。条件によってその後の処理を分けるときに使います。電車の例では、分岐で行き先によって別の方向に進むイメージです（図3）。

▼　図3　if文のイメージ図

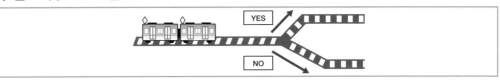

POINT 4　エラー処理

　条件分岐と繰り返しの他に、Pythonには、プログラムの中でエラーが発生したとき、その後の処理を切り替える仕組みがあります。電車の例でいえば、本来進むべきはずの線路で何らかの事故が起こったときのため、迂回路を用意しておくようなイメージです（図4）。

▼　図4　エラー処理のイメージ図

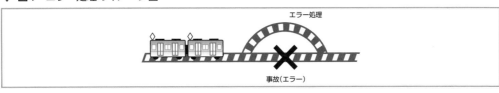

5-2 for文

条件分岐と繰り返し

最初は for 文です。リスト型や辞書型をプログラムの中で扱うときには必ず必要になる仕組みです。Python の for 文は非常に洗練されていて理解しやすくなっています。例を見ながら学んでいきましょう。

STEP 1　for 文を使ったプログラム

● 納豆購入金額のリストを作る

表1は、東北地方6県（青森県、岩手県、宮城県、秋田県、山形県、福島県）と四国地方4県（香川県、徳島県、愛媛県、高知県）の県庁所在地における、平成17年の1世帯あたりの納豆購入金額です。このデータを使って、東北地方と四国地方における購入金額の平均値を計算してみましょう。

▼ 表1　東北6県と四国4県の納豆購入金額

東北地方		四国地方	
青森市	5,349円	高松市	3,148円
盛岡市	5,478円	徳島市	2,991円
仙台市	5,344円	松山市	2,966円
秋田市	4,644円	高知市	2,457円
山形市	4,968円		
福島市	6,259円		

補足　農林水産省大豆関連データファイルより。

まず、それぞれの地方のデータからリストを作ってみます。東北6県のリストの変数をlist_tohoku、四国4県のリストの変数をlist_shikokuとしましょう。

```
>>> list_tohoku = [5349,5478,5344,4644,4968,6259]
>>> list_shikoku = [3148,2991,2966,2457]
```

平均値は、リストのすべての数字を合計して、その個数で割れば得られます。このとき、リストから順に値を取り出す必要がありますが、0番目、1番目、と添字を使って1つずつ取り出すしかないのでしょうか？

5-2 for文

> リストの先頭から順番に要素を取り出す良い方法はないのか？

● for文でリストの中身を一括表示

ここで登場するのが、forです。まず、forの入力に慣れるために、リストの内容を順番に画面に表示するコードを書いてみましょう。次のように入力して、最後のコロン:を入力した後に、「Enter」キーを押してください。

```
>>> for val in list_tohoku:      ← 行の最後に:を入力して改行
...
```

注意 valは変数ですので、別の変数名でも構いません。

あれ？いつもと違って、「>>>」が「...」になっていますね。これは、最後に「:」を入力しているからです。次に、「タブ（Tab）」キーを1回押すと、カーソルが4文字分、右に移動します。その場所から次のようにコードを書いて、「Enter」キーを押します。

▶ インデント
このようにタブ（Tab）キーを押してコードを字下げすることを、Pythonでは「インデント」と呼びます。

```
>>> for val in list_tohoku:
...    TAB print(val)      ← タブキーを押した後に入力して改行
...
```

補足 タブ（Tab）の代わりに半角スペース4つを入力して字下げしても構いません。

注意 Windows系OSのAnaconda環境のPythonを使っている場合、タブキーの入力でエラーになることがあります。タブキーの代わりに「半角スペース4つ」でインデントするか、333ページのJupyter Notebookの利用をおすすめします。詳しくは著者サポートサイト（10ページ）を参照してください。

これでコードは終わりなので、今度はタブキーを押さず、そのまま「Enter」キーを押します。すると、「...」の下にリストの中身が順番に表示されます。

```
...
5349
5478
5344
4644
4968
6259
```

このようなforを使ったコードを、「for文」と呼びます。

◉ for文の仕組み

for文は通常、複数行で構成されます。このコードと図5を使って、for文の仕組みと書き方を詳しく説明しましょう。

▼ **図5** for文の基本的な構造

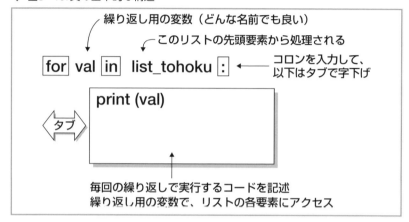

まず、for文が実行されると、リストの先頭からデータが1つ読み込まれ、繰り返しのために用意した変数valにデータが入ります。

この後、タブで字下げされて書かれたコードが実行されます。このコードが、リストの最後まで繰り返し実行される仕組みになっています。

for文によって毎回繰り返されるコードが複数行にわたることもあります。これを識別するために、インデントが使われるわけです。この字下げされたコードのかたまりのことを**ブロック**と呼びます。

補足 プログラムは「文」と「式」でできていて、この2つには厳密な違いがあります。ですが、最初のうちは、1行なら「式」、複数行なら「文」くらいの理解で大丈夫です。

補足 for文を使った単純な複数回の繰り返しは、

for var in range(3):
    ...

のように書きます（上記は3回の繰り返し）。
182ページに実際のコードがあるので、参考にしてください。

補足 ブロックを識別するためにインデント(タブまたは半角スペース4文字分)を使うことは、Pythonの大きな特徴です。

STEP 2 　平均値を求める

さて、リスト内データの平均値を求めるのが目的でしたね。

繰り返し変数valは、for文の繰り返し処理の各回で使われる一時的な変数ですので、毎回新たな値で上書きされてしまいます。そのため、計算結果を収納するための変数を別に用意する必要があります。

ここでは、変数avg_tohokuを用意して、これにリストの中身をすべて足し込んでいきましょう。forループの処理が終わったら、リストの長さで割れば平均値の完成です。

補足 平均は英語でaverageですので、その省略形を頭に付けてみました。

```
>>> avg_tohoku = 0          ← 変数avg_tohokuの定義
>>> for val in list_tohoku:
...     [TAB] avg_tohoku += val    ← avg_tohokuにvalの中身を加える
...
>>> avg_tohoku /= len(list_tohoku)
>>> avg_tohoku
5340.333333333333
```

補足 このようなコードを、特に「変数の初期化」と呼びます。

avg_tohokuという変数を定義して、最初に0を代入してこれからリストの値をすべて足すための準備をしています。

注意 +=の複合代入演算子を使っています（52ページ参照）。

for文の中では、繰り返し読み込まれるvalの値を、次々にavg_tohokuに足し込んでいます。リストの最後まで来ると、for文は終了します。その後は、avg_tohokuの値をlist_tohokuの長さで割って、平均値を計算しています。

同じようにして、四国地方の平均値も計算してみましょう。コードは省略しますが、次の結果が表示されれば成功です。

```
>>> avg_shikoku
2890.5
```

どうやら、四国地方の人に比べて東北地方の方々のほうが、はるかに納豆好きなようです。まあ、わかっていたことですが…。

for文で、リストの要素に先頭から順番にアクセスできる
繰り返し実行されるコードは、タブでインデントしてまとめる

STEP 3　辞書型の要素にアクセス

次に、データが辞書型で管理されている場合について、見ていきましょう。先ほどのデータを次のような辞書型で管理してみます。変数dict_tohokuを作り、辞書のキーに都市名を、値に金額を格納しています。

```
>>> dict_tohoku = {'aomori': 5349, 'akita': 4644, 'sendai': 5344, 'Yamagata': \
4968.0, 'fukushima': 6259, 'morioka': 5478}
```

このコードでは入力する文字が長すぎて2行分になり、読みにくくなってしまいました。

補足 この「\」記号は、スクリプトファイルの中でも使うことが可能です。

入力が長くなる場合、Pythonでは「\（半角バックスラッシュ）」記号を行の最後に入力して改行することで、行を分割することができます。この方法で行

を2つに分割しても、Pythonは1行として処理してくれます。

```
>>> dict_tohoku = {'aomori': 5349, 'akita': 4644, 'sendai': 5344,\
...     'Yamagata': 4968, 'fukushima': 6259, 'morioka': 5478}
```
＼記号で行を分割

注意 — 部のWindows環境では、バックスラッシュ記号が￥（半角円マーク）として表示されます。

さて、辞書の要素にfor文を使ってアクセスすると、どうなるでしょうか？ 先ほどと同じコードを書いて、実行してみましょう。

```
>>> for val in dict_tohoku:
...     print(val)
...
aomori
akita
sendai
Yamagata
fukushima
morioka
```

辞書型には、キーと値のペアが格納されています。for文を使って辞書の要素にアクセスすると、キーだけが順番に返ってきます。そのため、先ほどと同じように平均値を求めるには、キーを使って値を呼び出す必要があります。

```
>>> avg_tohoku = 0
>>> for val in dict_tohoku:
...     avg_tohoku += dict_tohoku[val]
...
>>> avg_tohoku /= len(dict_tohoku)
>>> avg_tohoku
5340.333333333333
```

キーvalから値を呼び出してavg_tohokuに追加

これで、リストを使ったfor文と同じ結果を得ることができました。

ところで、for文を使って辞書の要素に順番にアクセスするとき、キーがどのような並びで呼び出されるかはわかりません。これは、キーの並び順が決まっていないためです。辞書のキーには順番がないということは覚えておきましょう。

ポイント

for文を使うと、辞書のキーを順番に取り出せる
辞書のキーの並び順は決まっていない

条件分岐と繰り返し

if文

if文は、プログラムが動作している途中で、刻々と変わる条件に応じてその後の処理を振り分けるための構文です。for文とif文がわかれば、かなり複雑なプログラムが書けるようになります。

STEP 1　真偽型とif文

TrueとFalseからなる真偽型について、少し思い出してみましょう。たとえば、次のように、「>」や「<」といった演算子を使ってPythonに式を渡すと、与えられた条件式が成り立つときはTrue（真）、成立しないときはFalse（偽）が返ってきます。

```
>>> 1 > 0           ← 1は0より大きい？
True
>>> 1 < 0           ← 1は0より小さい？
False
```

この診断結果によって、その後のプログラムの流れを変化させるのがif文の役目です。if文は、実際のプログラミングでは至る所に出てくる重要な文です。

では、if文の構造を学ぶための例題として、"今日が平日だったら「頑張って働こう!」と画面に表示する"コードを書くことにしましょう。

Pythonで日時を扱うには、datetimeモジュールをimportする必要がありました（75ページ参照）。datetimeモジュールのdatetime型が持っているnowというメソッドを呼び出すと、現在の日時を取得することができます。これにtodayという変数を付けておきましょう。

```
>>> import datetime
>>> today = datetime.datetime.now()
>>> print(today)
2008-12-29 20:17:40.434012
```

さて、曜日はweekday()というメソッドでわかるのでしたね。weekday()メソッドは、0から6までの数字を返します。0は月曜日を表し、6が日曜日に対応します。

```
>>> today.weekday()
0
```

0～4が平日で、5が土曜日、6が日曜日に相当するので、今日が平日かどうかは、以下のコードで判断することができます。

```
>>> today.weekday() < 5
True
```

平日の場合は返される値が0から4なので、5より小さいという条件を満たします。このコードは、実行する曜日によって変化します。もし、土曜か日曜に実行した場合は、Falseが返ってくることでしょう。

STEP 2　条件によって処理を変更する

ここまでのコードで、今日が何曜日なのかを知ることができるようになりました。さらに、if文と組み合わせることで、「今日が平日だったらメッセージを表示する」コードを書くことができます。if文の細かい文法は後から説明しますので、まずはそのまま入力してみてください。末尾のコロン（:）の入力と、タブキーによるインデントには注意しましょう。

> 補足　文字列を囲むための引用符であるシングルクォーテーション（'）が全角にならないように注意してください。また、インタラクティブシェルで日本語の入力がうまくいかない場合は、半角文字で構いません。

```
>>> if today.weekday() < 5:
...     print('頑張って働こう！')
...
頑張って働こう！       ← 平日だったのでメッセージが表示された
```

today.weekday()が、0（月曜日）から4（金曜日）までを返した場合、画面にメッセージを表示し、それ以外ならば何も表示しないというコードになります。

if文の処理の流れと書き方を、図6を使って説明します。

▼ 図6　if文の基本的な構造

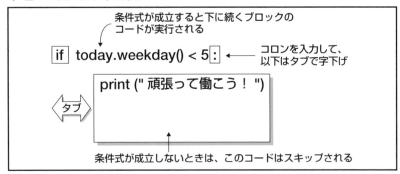

ifの後には半角スペースを1つおいて、条件式を書きます。この例では、"今日が平日かどうか?"です。その後に、コロン（:）を書いて改行します。次の行からは、条件式が成り立ったときに実行するコードです。for文のときと同じようにタブで1つ字下げして、ひとまとまりのブロックにします。条件が成立しないときは、このブロックが丸ごと無視されて実行されません。

> if文は、条件式の真偽によってその後の処理を変更できる

STEP 3　else による分岐処理

　もし、本書を週末に読んでいる場合、このコードのままでは画面に何も表示されないので面白くないでしょう。そこで、if文の条件式が成立しなかったときに、別のコードが実行されるようにしてみましょう。これを実現するのが、else（エルス）を使った構文です。

　では、実際にコードを書いて実行してみましょう。もっとも注意しなければならないことは、else:を入力するときには、インデントはしないという点です。次の行からは再びタブで1つインデントした後、ifの行の条件が成り立たなかったときに実行される処理を記述します。

▶ else
英語で、「その他の」という意味です。

```
>>> if today.weekday() < 5:
...     print('頑張って働こう！')     ← 条件式がTrueだった場合の処理
... else:
...     print('休日だー')             ← 条件式がFalseだった場合の処理
...
休日だー
```

　このコードを実行した日が週末（土曜または日曜）なら、elseの次の行のprint文が実行されるでしょう。

　図7を使って、処理の流れと書き方を説明しましょう。if文の書き方は先ほどと同じで、elseもifと同じようにインデントせずに書きはじめます。elseの次の行は、インデントして新たなブロックにします。ifの後に書いた条件が成り立つ場合は、ifのすぐ下のブロックが実行され、成り立たなかった場合は、elseの下のブロックが実行されるという仕組みです。

▼ 図7　if-else文の構造

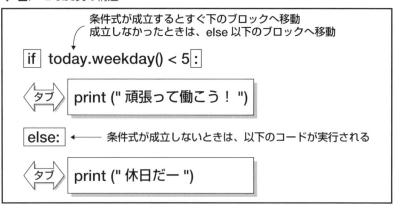

 elseを使うと、条件が成立しなかったときの処理を追加できる

STEP 4　フローチャート

　ここまでに条件分岐の構文を学んできましたが、条件に応じてその後の処理が変更される場合、全体の流れがどうなっていくかを示す方法があると便利です。**フローチャート**は、このような目的のために使われる方法の1つです。

　if～elseを使って、平日と休日でメッセージを変えるコードを書きましたが、この処理の流れをフローチャートにすると、図8のようになります。

▼ 図8　曜日判断のためのフローチャート

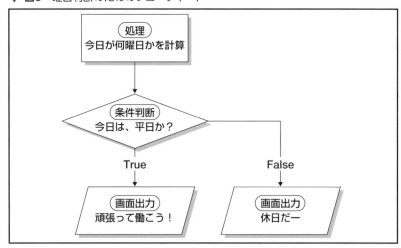

フローチャートは、基本的には上から下へ進んでいきます。長方形は、何らかの処理を表します。この例では、"今日の日付から曜日を計算する"処理です。菱形は条件判断です。条件によってその後の処理が変わりますので、上からの入り口は1つですが、横と下に2つ出口があります。画面への表示は台形で書かれます。

フローチャートは、プログラム全体の流れを示すのに便利ですので、本書でも何度か利用します。図9には、フローチャートで使われるその他の記号をまとめています。書き方の流儀によって使われる記号が少し違うことがありますので、フローチャートの記号の形を細かく覚える必要はありません。こうした流れ図で、プログラムの処理を記述する方法があるということだけ、覚えておきましょう。

▼ **図9** フローチャートで使われる記号

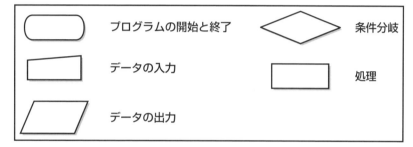

STEP 5　if 〜 elif 〜 else 文による条件分岐

補足 elifは、elseとifをつなげた造語です。

さて、if文には、もう少し細かく条件分岐できる構文が用意されています。

たとえば、週末の金曜日だけは、仕事のペースを落としてリラックスさせるメッセージが出てくれると嬉しいかもしれません。そこで、月曜日から木曜日までと、金曜日、土日の3つの条件で処理を振り分けてみます。字下げになっている部分は、タブキーによるインデントですので、注意しながら入力しましょう。

```
>>> if today.weekday() < 4:
...     print('頑張って働こう！')
... elif today.weekday() == 4:
...     print('ゆっくりやろう')
... else:
...     print('休日だー')
...
ゆっくりやろう
```

新しく追加したコード

コードを実行した日が金曜日だと、2番目に書いたメッセージが表示されます。コードが少しややこしくなってきましたので、図10を見ながら考えていきましょう。

注意 ifとelifの後には評価すべき条件式が続きますが、elseの後は何も指定できません。

▼ **図10** if-elif-else文の構造

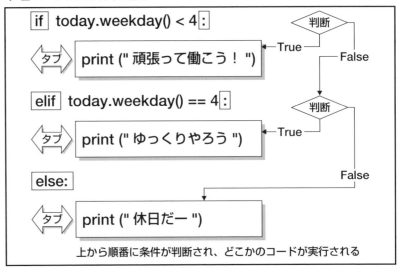

このコードを実行すると、まずifのすぐ後ろの条件が評価されます。ここで条件が成り立てば、すぐ下のインデントされたブロックの処理が実行されます。条件が成り立たない場合、elifの後ろの条件式が評価されます。この条件が成り立てば、その下のブロックの処理が実行されます。ここでも条件が成立しなければ、最後にelseの下のブロックが実行されるという流れです。

ifとelseは1つしか記述することができませんが、elifはいくつでも続けて書くことができます。その場合は、上から順に条件が判断され、成立しないときは次のelifへ処理が受け渡されます。図10のフローチャートと併せて処理の流れを理解しましょう。

elifを使えば、3つ以上の条件判断にも対応できる

5-4 while文

条件分岐と繰り返し

条件分岐と繰り返しの最後は、while文です。while文は、慣れないうちは少しわかりにくいかもしれません。最初からすべてを理解しようとせず、だいたいの処理の流れをつかんでください。

STEP 1　条件が成立している間は繰り返す

補足 for、if、whileのような、Pythonプログラムを制御するために特別に指定された単語のことを「キーワード」と呼びます。

　for文は、リストのように個数が決まっているデータに順々にアクセスする場合に便利でした。while文も、基本的にはfor文のように繰り返し処理を実行する構文ですが、繰り返し処理を回し続けるか、ストップするかを、条件式で決めることができます。

　while文の使い方を学ぶために、次のようなプログラムを考えてみましょう。

　ランダム（でたらめ）に0から9までの整数を繰り返し発生させて、4が出たらそこでストップするというコードです。

　次にどんな数が出るか予想できないような、ランダム（でたらめ）な数を「乱数」と呼びます。「0から9までの乱数」といった場合、0から9までのうちのどれかがでたらめに出てくるイメージになります。Pythonで乱数を作り出すには、randomモジュールをimportする必要がありましたね（28ページ参照）。このモジュールのrandintというメソッドを使うと、引数で指定した範囲の整数をランダムに作ることができます。

```
>>> import random
>>> random.randint(0,9)
1
```

　random.randintは、2つの引数を取ります。発生する乱数の最小値と最大値です。つまり、発生する乱数は、1つ目の引数≦乱数≦2つ目の引数、という条件を満たしています。

　さて、4が出るまで乱数を発生し続けるには、どうしたら良いでしょうか？ 乱数なので、いつ4が出るのか予想することはできません。つまり、何回目で繰り返し処理が終わるかを、あらかじめ設定できないのです。

　そこで役立つのがwhile文です。while文は、条件が成立する間は繰り返し処理を実行し続ける構文です。つまり、発生する乱数を変数で保持しておき、

繰り返しの度に4かどうかを判断させます。これにより、「乱数が4ではない」という条件が成立する限り、0から9までの乱数を発生させるという処理を続けることができます。

実際のコードでは、if文と同じように、whileの後に条件式を書きます。この条件がTrueなら、繰り返しの処理が続きます。条件の後はコロン（:）を書いて改行し、次の行からはタブで1つインデントしてブロックにします。プログラムの動きがわかりやすいように、発生した乱数を画面に出力しておきましょう。

```
>>> rand_num = 0
>>> while rand_num != 4:
...     rand_num = random.randint(0,9)
...     print(rand_num)
...
8
9
6
1
9
4
```

変数rand_numで乱数を保持
rand_numを画面に表示
ここで4が出たのでプログラムがストップした

補足　コードで使われている「!=」は、「等しくない」を意味する比較演算子です（51ページ参照）。そのため、「rand_num != 4」は「rand_numは4ではない？」という意味の条件式になります。

▼ 図11　while文の構造

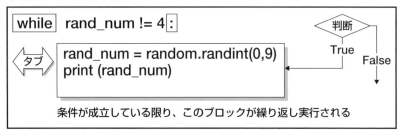

条件が成立している限り、このブロックが繰り返し実行される

少しややこしいので、図11を見ながら考えていきましょう。

繰り返しごとに発生する乱数を一時的に保持するために、rand_numという変数を用意しています。変数を最初に用意するときに、4以外の数字を代入しておきます。while文では、"rand_numが4でない"なら繰り返しを継続するというコードにしています。

最初はrand_numが0なので、while文の条件判定がTrueになり、ブロックの中のコードが実行され、乱数が発生して変数に格納されます。2回目以降もこの動作を繰り返します。「rand_num != 4」の条件式がTrueを返す間はループを継続し、rand_numが4であれば条件判定の式がFalseを返すので、while文はそこで終了します。

これが、while文の基本的な処理の仕組みです。

whileは、条件がTrueならずーっと処理を繰り返す

STEP 2　continueとbreak

4が出るまで乱数を発生させ続けるコードを紹介しましたが、これを別の書き方で実現することもできます。少し長いですが、コードを見てみましょう。これは、先ほどのコードとまったく同じ動作をします。

```
>>> while True:
...     rand_num = random.randint(0,9)
...     print(rand_num)
...     if rand_num != 4:
...         continue
...     else:
...         break
...
1
2
1
3
3
4
```

補足　continueやbreakのところでは、インデントを2回行いますが、Pythonインタラクティブシェルでは、2つ目のインデントが8文字分に見えます。これは、1つ目のインデントが行頭の「...」を含むためだと思われますが、ちょっと見た目が良くありません。Pythonのインデントについては、133ページのコラムも参考にしてください。

補足　乱数なので、出力される結果はその都度違います。

ここで、新しく**continue**と**break**というキーワードが出てきました。どちらも、繰り返し処理のブロックの中で、ifと合わせて使われるキーワードです。

continueは、ブロックの中にある以降のコードをすべて無視して、繰り返しの先頭に戻ります。一方、breakは、以降のコードをすべて無視して繰り返し処理を強制終了します。

図12を見ながら、処理の流れを見ていきましょう。

▼ 図12　continueとbreak

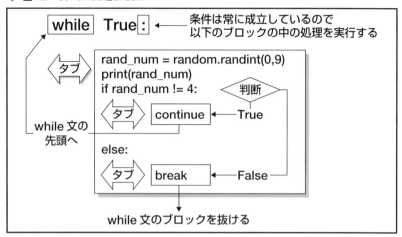

　まず、最初の行で「while True:」になっています。このwhile文は永遠に回り続ける無限ループになります。乱数を発生させ、rand_numという変数で保持するところは前のコードと同じです。

　続いて、if文とelse文でrand_numの値を評価しています。while文のブロックの中に、新たにif文とelse文のブロックが入るので、インデントはタブ2つ分必要になります。

　rand_numが4ではない場合は、continueによってループの先頭に戻ります。rand_numが4だったら、breakで無限ループを抜け、プログラムが終了します。continueとbreak文は、ループのブロックの中でif文と一緒に使われ、ループの動きを制御することができます。

補足　continueとbreakは、for文のブロックの中でも利用することができます。

ポイント
continueで繰り返しの先頭へ戻る
breakで繰り返しを終わらせる

コラム　Pythonとインデント

　Pythonでは、for文やif文の中で実行されるコードのまとまり（ブロック）を、インデントで字下げすることによって表現します。

　Python以外のコンピュータ言語では、ブロックを波括弧{}などでくくって表すのが一般的です。コードが見やすくなるのでインデントも推奨されますが、必須ではありません。一方、Pythonでは、インデントだけがコードのまとまりを表現する唯一の手段です。そのため、インデントがきちんと揃っていないと、プログラムが正しく動作しません。

　この仕組みにより、Pythonでは、誰が書いたプログラムでもインデントがきちんと揃った同じような書式になり、非常に読みやすくなります。この利点は、他の人が書いたプログラムを読むときに感じるとともに、自分が書いたプログラムを見直すときにも実感できます。

　このインデントによる制御構造の記述法は、Pythonの大きな特徴の1つです。このことが、初心者に優しく上級者にも使いやすい言語であると言われる理由の1つかもしれません。

コラム　インデントについて

　「Pythonといえばインデント」といわれるほど、Pythonとインデントは密接な関係にあります。本書では、インデントを「タブ（Tab）」キーを使って入力していますが、本来は半角スペースを4つ分入力して作ることが推奨されています。スペースキーを連打することによる誤入力を避けるために、タブキーを使っているわけです。

　Pythonインタラクティブシェルは、タブキーが入力されると適切なインデントを作ってくれますが、テキストエディタにソースコードを書く場合は、タブキーによるインデントが問題を起こすことがあります。特に、半角スペースによるインデントとタブキーによるインデントが、ソースコードの中で混ざると大変危険です。そこで、Pythonのコードをテキストエディタで入力する場合は、タブを半角スペース4つ分に自動変換するように、あらかじめテキストエディタを設定しましょう。また、この設定ができるかどうかを、テキストエディタ選びの基準にするのも良いでしょう。

5 条件分岐と繰り返し

エラー

この節では、エラーとエラー処理について学びます。エラー処理は重要な技術の1つですが、発展的な内容ですので、最初に読むときはこの節は流し読み程度でも大丈夫です。

STEP 1　エラーを発生させてみる

Pythonは、処理できないコードを受け取るとエラーを発生します。エラーに慣れるために、いくつか間違ったコードを書いて、エラーを発生させてみましょう。

たとえば、定義されていない変数名を指定すると、Pythonはエラーを表示します。

> **注意** すでにtest_strが定義されていると、エラーが発生しません。その場合は、あり得ない変数名を入力してみてください。

```
>>> print(test_str)
Traceback (most recent call last):
  File "<stdin>", line 1, in <module>
NameError: name 'test_str' is not defined
```

これは、test_str変数が定義されていないために起こっています。最後の行に、「NameError」という文字列が見えると思います。名前のエラーということです。その後に、「name 'test_str' is not defined」とあります。defineは、「〜を定義する」という意味ですので、「test_strが定義されていません」という内容になります。その1つ上の行には、エラーが起こった場所が書かれています。今は、インタラクティブシェルからの1行の入力なので「line 1」、つまり1行目であることを示しています。

では次に、テキストエディタを起動して以下のようなプログラムを書いて、error_test.pyという名前で保存し、OSのシェルから実行してみましょう。

```
import sys

print(sys.argv[3])
```

ソースコードの実行は、OSのシェルを起動し、ファイルを保存したディレクトリでpython error_test.pyとするのでした。実行すると、次のようなエラーが

出力されると思います。

注意 エラーが、どのファイルの何行目で起こったのかも表示されています。

```
Traceback (most recent call last):
  File "error_test.py", line 3, in <module>
    print(sys.argv[3])
IndexError: list index out of range
```

このプログラムは、コマンドライン引数の3つ目を画面に出力するものです。しかし、実行時にコマンドライン引数は1つも与えられていません。sys.argv[0]には、プログラムの名前error_test.pyが入っているだけです。リストsys.argvの長さは1なのに、添字に3を指定していますので、リストの長さをはみ出しています。

このとき出力されるエラーの種類が「IndexError」で、メッセージが「list index out of range」（リストの添字が範囲をはみ出しています）となるのです（図13）。

▼ 図13　エラーメッセージの構造

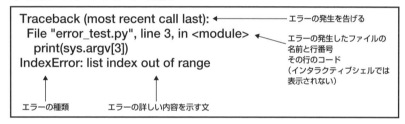

処理できないコードを実行すると、エラーが発生する
エラーにはいくつか種類がある

STEP 2　エラーの処理

　Pythonは、プログラムが実行されると、1行ごとにコードを実行します。実行中に何らかのエラーが起きると、プログラムの実行は中断され、エラーが発生したことが通知されます。

　エラーは、コードのスペルミスなどの単純な間違いでも発生しますが、こうした初歩的なミスがすべて排除された後でも、エラーが発生する可能性はあります。たとえば、ユーザーから数字の入力を待っている場面で、文字列が入力された状況を考えてみましょう。これもエラーの一種ですが、予期せぬ出来事と

いう意味で、**例外（exception）**と呼ばれます。この例外が起こった場合も、プログラムの実行が止まり、例外エラーが通知されます。

 エラーが起こったときの処理はどうしたら良いだろうか？

STEP 3　try～exceptを使ったエラーの処理

こうした例外が起こった場合に、プログラムの実行を止めずに処理を継続する方法があります。まずは、先ほどのerror_test.pyを改造して、2つのコマンドライン引数を足し合わせて結果を表示するプログラムを作成してみましょう。

> 注意　コマンドライン引数はsys.argvに文字列で格納されているので、float関数で小数へ変換（キャスト）しています。数値に変換しないと、そのまま文字列として連結されて出力されます。

```
import sys

a = float(sys.argv[1])   ← 1つ目の引数を小数型に変更して変数aで保持
b = float(sys.argv[2])   ← 2つ目の引数を小数型に変更して変数bで保持
print(a+b)
```

ソースコードを上記のように修正して上書き保存したら、1と2.0を引数にして、実行してみましょう。

```
> python error_test.py 1 2.0 ⏎
3.0
```

コード内で引数を小数型に変換しているので、引数は整数でも小数でも大丈夫です。しかし、数値にできない文字列の場合は、以下のようなエラーが出てしまいます。

```
> python error_test.py 1 z ⏎
Traceback (most recent call last):
  File "error_test.py", line 4, in <module>
    b = float(sys.argv[2])
ValueError: could not convert string to float: 'z'
```

アルファベットのzは、数字にできませんので例外エラーが発生しています。

このようにエラーが発生すると、そこですべての処理が止まってしまいます。これを解決するためのコードをtryとexceptというキーワードを使って書くことができます。エラーが発生しそうなコードを、タブでインデントしてブロックと

> 補足　Pythonに対応したテキストエディタの中には、「:」を入力すると自動的に次の行がインデントするものもあります。

注意 入力するとき、tryやexceptの後のコロン「:」を忘れないようにしましょう。

してまとめ、try:というキーワードの下に書きます。その下にexcept:として、エラーが発生したときに実行するコードを、これも1つのブロックにまとめて書きます。error_test.pyを変更してみましょう。テキストエディタでソースコードを作成する場合も、インタラクティブシェルと同じようにタブでインデントします。

```
import sys

try:
    a = float(sys.argv[1])
    b = float(sys.argv[2])
    print(a+b)
except:
    print('Error!')

print('end')
```

保存して、実際に試してみましょう。数字に変換できる文字列を与えた場合と、そうでない場合で、プログラムの動きが変わるのがわかります。

```
> python error_test.py 1 2.0
3.0
end
> python error_test.py 1 z
Error!
end
```

いくつか新しいキーワードが出てきました。tryは英語で「試す」といった意味です。exceptは名詞形がexceptionで、これが「例外」という意味です。

tryブロック中で実行されたコード（引数を小数に変換）に例外が発生すると、強制的にexceptに処理が移り、メッセージが表示されます。一方、例外が起こらなかった場合は、処理が途中でexceptに移ることはありませんので、足し算の結果が画面に表示されます。プログラムの最後の1行は、エラーが発生したかどうかに関係ありませんので、常に実行されます。

try〜exceptによる制御の流れを、図14に示しておきましょう。

▼ 図14　tryとexceptを使ったエラーの処理

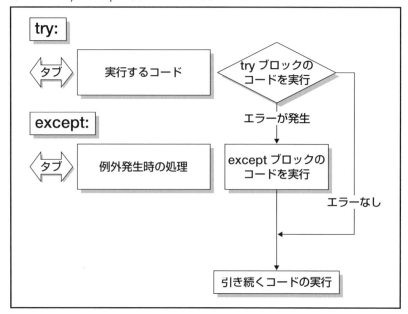

　エラーが発生すると、通常そこで処理が止まってしまいますが、tryとexceptで囲んでおくと、その後の処理を指示できるようになるわけです。

 try〜exceptを使うと、エラーを捕まえて処理できる

条件分岐と繰り返し

体型判定プログラム

ここまで学んできた条件分岐と繰り返し処理を使って、体型を判断するのに使われるBMI（Body Mass Index）値を計算するプログラムを作ってみましょう。長めのプログラムを作るための周辺知識も一緒に説明します。

STEP 1　BMI(Body Mass Index) 値とは?

BMI（Body Mass Index）値とは、国際的に使われている肥満度の判定基準になる数値です。以下の計算式で求めることができます。

注意 身長の単位がメートルになっていることに注意してください。

$$BMI = \frac{体重(kg)}{身長(m)^2}$$

国ごとに若干の解釈の違いがあるようですが、日本では、22が標準とされており、それ以外は表2のように分類されることが多いようです。

▼ 表2　BMIによる体型の分類

BMI値	体型
18.5未満	やせ型
18.5以上25.0未満	標準
25.0以上30.0未満	肥満
30.0以上	高度な肥満

STEP 2　プログラム全体の構成

入力された身長（m）と体重（kg）から、BMI値を計算し、出力するプログラムを作ります。一度プログラムを起動したら、ユーザーからの入力を待ち続け、入力に応じて何度もBMIの値を計算できるようにしましょう。こうすると、自分が理想の体型になるには体重が何kgになれば良いか、連続して試すことができて便利です。プログラムの動作イメージは、図15のようになります。ファイル名は、bmi.pyとします。

▼ 図15　OSのシェルからプログラムを実行したときのイメージ

```
>python bmi.py ⏎
身長 (m)? 1.765
体重 (kg)? 66.0
BMI 値は 21 です。
標準的な体型です。
身長 (m)?
```

このプログラムの動作を整理しておきましょう。

① **プログラム起動後、身長と体重の入力を待つ**
② **BMI値を計算して出力する**
③ **BMI値に応じて体型を判定し、出力する**
④ **身長に何も入力されなければ、プログラムを終了する**

補足　4番目の動作は、具体的には、身長の入力を受け付けているときに「Enter」キーだけを押すとプログラムが終了するようにします。

こうした一連の処理に必要なプログラムの流れを、図16に示します。

▼ 図16　BMI値を計算するプログラムの処理の流れ

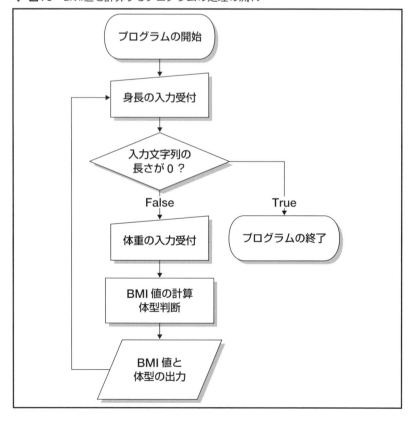

これまで作ってきたプログラムと違って、長くて複雑なものになりそうです。周辺となる知識を学んだ後に、実際のコードを見ていくことにしましょう。

STEP 3 スクリプトファイルの中で日本語を扱うには

[補足] コメントについては、142ページのコラムも参照してみてください。

インタラクティブシェルでは日本語を何度か使いましたが、ファイルに保存するスクリプトファイルの中では日本語を使ってきませんでした。今回は、長いメッセージやコメントが必要になるので、そこに日本語を記述することにします。

[補足] 文字コードに関する詳しい内容は、付録Cを参照してください。

ところで、コンピュータは数値を扱うのは得意ですが、文字を扱うのは不得意です。ですから、どのような文字でも、コンピュータの中で扱うときは、一度数値に変換する必要があります。この文字と数値の対応は、**文字コード**として規定されていて、世界中にたくさんの言語があるように、いろいろな種類の文字コードがあります。また、1つの言語、たとえば日本語だけを扱う場合でも、利用環境ごとに複数の文字コードがあります。

インターネットの登場により、さまざまな言語で書かれた情報が、1つのネットワークの中を流れるようになりました。こうなると、いろいろな文字コードが使われていると、ちょっと不便です。そこで、最近はユニコード（Unicode）と呼ばれる、ほとんどの言語を変換できる統一的な変換方法が用いられるようになっています。中でも、UTF-8という文字コードが使われることが多く、Python 3の内部でもUTF-8を標準の文字コードとして利用しています。ですから、スクリプトファイルの中で日本語を使うときに、文字コードを気にする必要はありません。

[注意] Python 2系を利用している場合は、ファイルの冒頭2行目までに、「#coding: UTF-8」という記述が必要です。

しかし、Windows系OSを使っている方は要注意です。Windows 8以前のPowerShellやコマンドプロンプトでは、UTF-8を上手く扱うことができないのです。これは、Windows系OSでは、UnicodeではなくShift-JIS（CP932）という文字コードを標準で利用しているためです。Windows 8以前のWindows系OSをご利用の場合は、以下の2点に気をつけて、スクリプトファイルの中で日本語を使いましょう。

・スクリプトファイルの保存の際は、文字コードをShift-JISにして保存する
・スクリプトファイルの1行目または2行目に、以下の1行を追加する
　# coding: shift-jis

[注意] Mac（macOS）をご利用の方は、次のSTEPまで読み飛ばしても大丈夫です。

Windows専用のテキストエディタは、ファイルを保存する際、文字コードにShift-JISを利用するのが一般的でした。しかし、Visual Studio Codeや

Atomのような、さまざまOSでの利用を想定したテキストエディタは、標準の文字コードにUTF-8を使うので、それらを使ってスクリプトファイルを作成するときは注意する必要があります。

コラム　コメントを積極的に書こう

　プログラムが長くなると、コードがどんどん複雑になっていきます。そんなとき、そこでどのような処理が行われているのかを、普通の言葉で書き込んでおけると便利です。この仕組みを、コメントと呼びます。

　Pythonでは、スクリプトファイル中の行の「#」以降の文字列は、コメントになります。また、引用符3つ（「'''」または「"""」）を使うと、複数行をまとめてコメントにすることができます。なお、コメントだけに日本語を使っている場合でも、Windows系OSではスクリプトファイルの冒頭に文字コードを指定する必要があります。

　Pythonは、実行時にコメントを無視するので、コメントには何を書いても構いません。後からプログラムを読んだときの助けになるよう、わかりやすいコメントを積極的に入れるようにしましょう。

> 補足　引用符を3つ使って文字列を囲む記法は、実際には複数行の文字列リテラル表現です。

STEP 4　文字列の整形

　Pythonでは、文字列どうしを「+」（プラス）記号で連結することができますが、文字列と数字はそのままでは連結できません。組み込み関数strを使って、数字を文字列に変換する必要がありました。

　インタラクティブシェルで、計算結果と文字列を結合してみましょう。

```
>>> x = 1 / 3
>>> x
0.3333333333333333
>>> 'answer = ' + str(x)
'answer = 0.3333333333333333'
```

　この方法で、「あなたのBMI値は、23.5です」といった表示を画面に出すことができそうです。ただし、この例のように割り切れない結果だと、小数点以下にダラダラと数字が続いてしまい、見た目が良くありませんし、数値を文字列に変換するのも少し面倒です。

　そこで、次のような書式を利用することにします。

```
>>> 'answer = {}'.format(x) ⏎
'answer = 0.3333333333333333' ⏎
>>> 'answer = {:.1f}'.format(x) ⏎
'answer = 0.3' ⏎
```

補足 formatメソッドはこの他にも、複数の引数を取って置き換えることもできます。本書の後半でも利用しますが、興味のある方はドキュメントなどを参考にしてみてください。

これは、文字列型が持っているformatというメソッドを利用しています。formatは、引数に取ったデータで、文字列の波括弧{}の部分を置き換えます。このとき、{}の中に数値の表示桁数なども指定できます。2つ目の例では、小数第一位までの表示になるように指定しています（図17）。

▼ 図17　formatメソッドの使い方

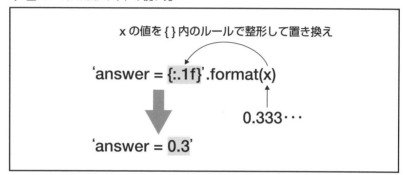

STEP 5　体型判断プログラム

では、実際に動くプログラムを見てみましょう。以下のコードをbmi.pyなどのファイル名で保存し、実行してみましょう。プログラムの解説のために、コメントを追加してあります。

```
while True:
    height = input('身長(m)?:')
    if len(height) == 0:
        # Enterキーだけが押された場合は終了です
        break
    # 入力は文字列なので、小数に変換します
    height = float(height)
    weight = float(input('体重(kg)?:'))
    # 組み込み関数powで累乗を計算できます
    bmi = weight / pow(height, 2)

    # 小数点以下第1位までの出力にフォーマットしています
    print('BMI値は{:.1f}です。'.format(bmi))
    if bmi < 18.5:
        print('すこしやせすぎです。')
    elif 18.5 <= bmi < 25.0:
        print('標準的な体型です。')
    elif 25.0 <= bmi < 30.0:
        print('すこし太っています。')
    else:
        print('高度の肥満です。')
```

　コマンドライン引数でデータを受け取る方法は学びましたが、今回は、プログラムを起動した後に身長や体重の入力を受け付けるために、組み込み関数inputを使っています。

注意 Python 2.x系では、raw_input関数を使います。

```
height = input('身長(m)?:')
```

　input関数は、シェルからの入力を受け取って、文字列に変換してから実行中のプログラムに渡してくれます。引数として指定した文字列は、入力を待つ間メッセージとして画面に表示されます。

```
bmi = weight / pow(height,2)
```

　身長の2乗を計算するところは、weight / (height*height)と書いても構いません。このとき、括弧()がないと左から順番に計算されてしまいますので注意してください。ここでは、あえて組み込み関数powを使ってみました。この関数は、1つ目の引数を2つ目の引数で累乗した数を返してくれます。

$pow(x,y) = x^y$

その他、条件分岐の構文や、whileループなども使われています。スクリプトファイルを作成して、何度か実行した後、1つ1つのコードを見ていくと良いでしょう。

　また、今までより長いプログラムですので、入力ミスによるエラーが発生するかもしれません。その場合は、エラーメッセージを読んで何行目のエラーなのかを確認してから、コードを本書と見比べてエラーを修正してみてください。また、動いているように見えても、出力されている値がおかしいこともあります。面倒かもしれませんが、電卓等でBMIの値を計算し、結果を見比べてみましょう。プログラムのミスは思わぬところに潜むものなので、細かな確認は欠かせません。

コラム　プログラムの改良

　身長と体重を受け取って、BMIの値を計算できるプログラムを作ることができましたが、今回作成したプログラムは、機能的に十分だと言えるでしょうか？ 実は、いくつか改善すべき点を挙げることができます。

　まず、身長や体重の入力時に半角数字以外を入力すると、エラーになってしまいます。134～138ページのエラー処理の方法を身に付けた後なら、適切なエラー処理のコードを書いて、半角数字で入力するように促すメッセージを表示することができます。

　また、通常の表記方法に合わせて、身長はセンチメートルでの入力を受け付けると良いかもしれません。一般的な身長は限られた範囲に収まるので、単位がメートルかセンチメートルかを自動で判断するコードを書くこともできるでしょう。

　このように、さまざまな状況に対応できるコードを盛り込むと、利用者の負担が少ない、質の高いプログラムになります。余力がある方は是非チャレンジしてみてください。

まとめ

- for文を使うと、リストのはじめから終わりまでといった、一連の連続した処理を行うことができます。
- if文を使うと、条件に応じて処理を振り分けることができます。
- 条件が成立する間は繰り返し処理を続けたい場合は、while文を使います。
- try~except文を使うと、エラーが生じたときに実行する処理を書くことができます。
- この章の構文を習得すると、かなり複雑なプログラムを作ることができます。

練習問題

1. for、if、whileといったキーワードではじまる行は必ず ① で終わり、次の行は行頭で ② キーを使ってインデントします。
2. リストをfor文で処理する文、「for v in sample_list:」では、変数vでリストに保存されている要素を順番に参照できます。では、辞書をfor文で処理するとき、「for v in sample_dict:」の変数vは何を参照しますか?
3. 条件が成立するときだけ処理を実行するには、if文を使います。条件が成立しなかったときの処理を追加するには、if文の後に、 ① で新しいブロックを作ります。条件が成立しなかった場合にさらに新たな条件で絞り込むには、 ② を使います。
4. while文やfor文の途中で繰り返し処理を終了し、ブロックを抜け出したいときは、キーワード ① を使い、次の繰り返し処理へスキップしたいときは、 ② を使います。

第6章

ファイルの読み書き

Pythonのコードで外部のファイルを操作する方法を学びます。前の章と違ってわからなくてもあまり困りませんが、知っているとPythonでできることがまたさらに広がるでしょう。

6-1 ファイルの読み書き

この章で学ぶこと

この章では、ファイルの読み書きをするプログラムの作り方を学びます。ファイルをプログラムで扱うには、ファイルに関する基本的な知識が必要です。最初に大まかな流れをつかんだ後、細かな知識を1つ1つ確認していきましょう。

POINT 1 ファイルを扱うために

コンピュータから起動したお絵かきソフトで絵を描いたり、ワードプロセッサソフトで文章を作ったりした後には、必ずファイルへデータを保存します（図1）。これらのファイルは、後から読み込んで変更が可能です。Pythonでも同じように、ファイルを作ってデータを収納したり、それを後から読み込んだりできます。

▼ 図1 いろいろなソフトを使ったファイルの読み書き

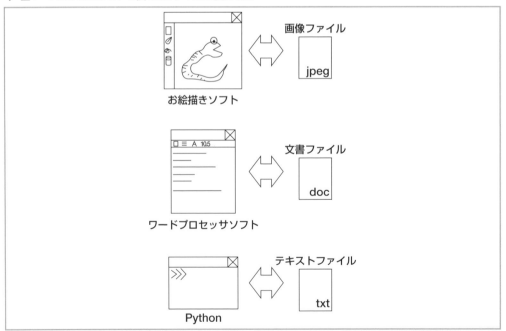

この章では、Pythonを使って、テキストファイルを操作するための方法を学びます。テキストファイルとは、テキストエディタで編集することができるシンプルなファイル形式です。これまでに作った

Pythonのスクリプトファイルも、テキストファイルです。

　テキストファイルの読み書きをするコードを書くには、タブや改行などの特殊な文字を扱えるようになる必要があります。まずは、ファイルに1行書き込んで保存し、その後これを読み込むコードを書いてみましょう。次に、Pythonからファイルへ書き込む文章中で、改行する方法を学びます。テキストファイルをキーボード入力で作っているときは、「Enter」キーを押すだけですが、Pythonのコードで実現するにはちょっとした知識が必要です。

　実際のプログラムでは、たくさんの行を順に読み込んだり、書き出したりすることがよくあります。最後に、for文を使ってこのような仕組みを実現する方法を学びます。

POINT 2　ファイルの読み書きとは?

　Pythonのコードを書いてファイルを扱うイメージは、ちょうど太いホースでプログラムとファイルを接続する感じです（図2）。

▼図2　プログラムと外部のファイルをホースで接続

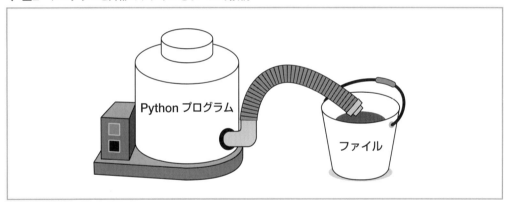

　このホースを通じて、ファイルへデータを書き込んだり、ファイルからデータを読み込んだりできます。また、存在しないファイルにホースをつなげようとしたときは、Pythonが新たにファイルを作ってくれます。

　このような操作は、組み込み関数やメソッドで簡単に書くことができるようになっています。次のページから、実際にPythonでファイルを扱うプログラムを作っていきましょう。

ファイルの読み書き

6-2 簡単なファイルの読み書き

ファイルの読み書きの手順を覚えるため、まずは基本的なプログラムから作りましょう。テキストファイルに1行だけ書き込んで、その1行を読み込んでみましょう。

STEP 1　ファイルオブジェクトを用意する

テキストエディタを使わず、インタラクティブシェルからPythonのコードだけを使って、test.txtというテキストファイルを作ります。このファイルに、「Hello!」と書き込んでみましょう。

まず、pyworksディレクトリに移動してから、Pythonインタラクティブシェルを起動します。これから作るファイルは、このディレクトリに置かれます。

ファイルを用意するには、組み込み関数openを使います。必要な引数は2つです。1つ目はファイル名で、これは、'test.txt'としておきます。2つ目の引数で、書き込みのためのファイルを用意することをPythonに伝えます。これには、1文字で'w'と書きます。実際のコードは次のようになります。

補足 英語で「書く」を意味する単語がwriteなので、wはこの頭文字です。

```
>>> test_file = open('test.txt','w')
```

組み込み関数openを呼び出すと、file型のデータが戻り値として返ってくるので、これをtest_file変数で受け取ります。これだけの操作で、Pythonとtest.txtファイルが接続され、書き込みができる状態になります（図3）。

補足 test_fileは、file型（ファイルオブジェクト）で、実際には扱うデータ（テキストやバイナリ）によってデータ型が少し違いますが、今は意識しなくて大丈夫です。

▼ 図3　新しいファイルを作成してプログラムと接続

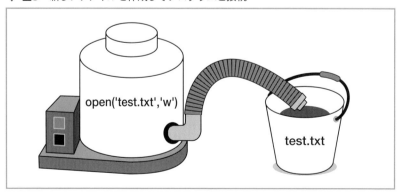

Pythonインタラクティブシェルを起動したpyworksディレクトリに、test.txtという名前のファイルがない場合は、新しく空のファイルが作られます。すでに同名のファイルがあると、その内容が消されてしまいますので、注意が必要です。open関数の2つ目の引数は、モードと呼ばれることもあります。

> ファイルを開くにはopen関数を使う
> 書き込みのモードは'w'

これで、test_fileという変数で参照するfile型のオブジェクトと、実際のファイル（test.txt）が関連付けられました。

STEP 2　ファイルに文字列を書き込む

Pythonとファイルが接続されたので、ファイルに文字列「Hello!」を書き込んでみましょう。file型のオブジェクトを使えば、こうした操作は簡単にできます。ファイルへの書き込みは、file型が持っているwriteというメソッドを使います。writeメソッドは、引数で指定された文字列を、そのままファイルに書き込んでくれます。

```
>>> test_file.write('Hello!')
6
```

注意 Python 2.x系では、writeメソッドに戻り値はありません。

このようにメソッドを呼び出すことで、実際のファイル（test.txt）を操作することができます。なお、writeメソッドが返す戻り値（ここでは「6」）は、書き込んだ文字の文字数です。

▼ 図4　ファイルに文字列を書き込む

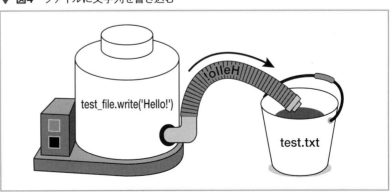

ここで注意すべきことがあります。

今、wirteメソッドを使って書き込んだ文字列が、実際のファイル（test.txt）まで到達したかどうか、実はわかりません（図4）。まだ、ホースの中をデータがファイルに向かって流れている状態かもしれないのです。

file型には、このホースの中身を空っぽにするメソッドが用意されています。それが、flushです。このメソッドに引数はありません。

```
>>> test_file.flush()
```

これで、ホースの中がすっきりしました（図5）。

▼ **図5** ホースの中をすべてファイルに書き出す

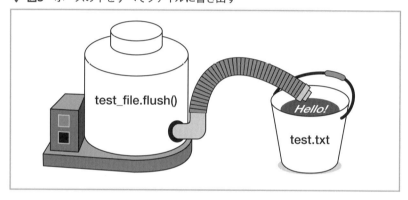

STEP 4　ファイルとの接続を解除する

もうこれ以上何も書き込む予定はないので、ファイルとPythonとの接続を切り離しましょう。これには、file型が持っているcloseメソッドを使います。このメソッドにも引数はありません。

```
>>> test_file.close()
```

イメージとしては、ホースをファイルから切り離す感じです（図6）。

ホースを切り離す前に、ホースの中にまだ書き込むべき文字列が残っているかもしれませんので、closeが呼び出されると、実はファイルとの接続を切る前に、flushも呼ばれます。ですので、日頃はflushを明示的に呼び出す必要はありません。

closeによって接続が切れてしまうので、これ以降、test_fileを通じてデータを書き込むことはできなくなります。

▼ **図6** ホースをファイルから取り外す

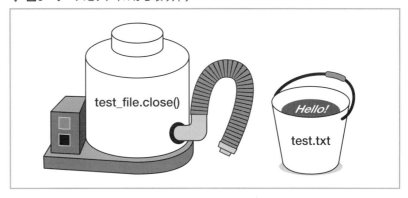

ファイルを用意してデータを書き込むためのコードをまとめておきましょう。

```
>>> test_file = open('test.txt','w')
>>> test_file.write('Hello!')
>>> test_file.close()
```

pyworksディレクトリをのぞいてみましょう。test.txtというファイルができていると思います。テキストエディタを使って中身を確認してみると、確かに「Hello!」と書かれていることが確認できます（図7）。

▼ **図7** open関数で作られたファイル

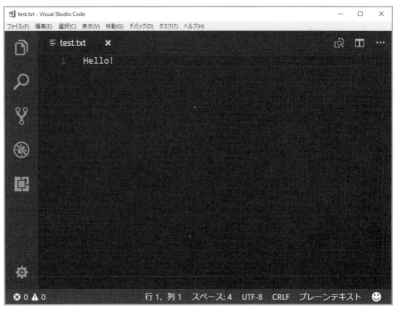

ファイルには、wirteメソッドで書き込む
最後にcloseメソッドで片付ける

STEP 4 ファイルを読み込む

　今度は、今作ったtest.txtファイルに入っている文字列を、Pythonで読み込んでみましょう。

　まず、読み込むファイルとPythonを接続します。書き込みのときと同じように組み込み関数openを使います。1つ目の引数はファイルの名前ですが、読み込みのときは2つ目の引数が'r'になります。openメソッドが返してくれるfile型のオブジェクトを、test_fileで受け取ります。

補足　英語で「読む」を意味する単語が「read」ですので、rはその頭文字です。

注意　読み込みモードの場合、指定されたファイルが存在しないとエラーになります。

```
>>> test_file = open('test.txt','r')
```

　同じtest_fileという名前ですが、今度はこのオブジェクトを通じて、ファイル（test.txt）からデータを読み込む操作ができるようになります。

　ファイルからの読み込みは、行ごとに行うのがわかりやすくて便利ですね。これには、file型が持っているreadlineというメソッドを使います。readlineには、引数はありません。先頭から1行だけ読み込んで返してくれます。read_strという変数でこれを受け取るコードは、次のように書きます。

```
>>> read_str = test_file.readline()
```

　ファイルへの書き込みと違って、ファイルから読み込むときはすぐにプログラムに渡されますので、特に注意することはありません（図8）。

154

▼ **図8** ファイルから1行読み込む

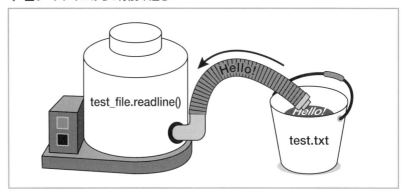

　読み込みが終わったら、ファイルとプログラムを切り離すために、closeメソッドを呼び出します。

```
>>> test_file.close()
```

　これで、ファイルとプログラムが切り離されました。読み込んだデータは、変数read_strに保存してあるので、いつでも使うことができます。ちゃんと読み込めているか確認しておきましょう。

```
>>> print(read_str)
Hello!
```

　これが、ファイルから読み込むための一連の作業です。読み込みのためのコードをまとめておきます。

```
>>> test_file = open('test.txt','r')
>>> read_str = test_file.readline()
>>> test_file.close()
>>> print(read_str)
Hello!
```

注意 たくさんのファイルを開いたままにして閉じないでおくと、新たなファイルを開けなくなるなどの不具合が発生します。

ポイント
open関数の読み込みモードは'r'
closeメソッドを使ったファイルの後片付けは忘れずに！

コラム ファイルへの書き込み

　ファイルから読み込むときはすぐにデータが手元に来るのに、なぜ、ファイルへ書き込むときはすぐに書き込まれるとは限らないのでしょうか？ 実は、この原因は、コンピュータの特性にあります。

　Pythonはコンピュータのメモリの上で動作していますので、その動作速度は非常に高速です。一方、ファイルの実体はハードディスクの上にあります。ハードディスクはメモリに比べて、データの読み書きがかなり低速です。

　ファイルからデータを読み込むときは、メモリ上で動いているPythonがハードディスクからの読み込みを待っていれば問題ありません。しかし、書き込みの場合は、メモリ上のPythonから次々に送られてくるデータが、メモリと比較して低速なハードディスクへの書き込み待ちで渋滞になり、すぐには処理が完了しない可能性があるのです。さらに、オペレーティングシステム（OS）の動きなども影響し、話はもっと複雑になります。

　なお、この章で扱っているような1行や2行程度の書き込みでは、データがホースの中で渋滞することはほとんどありませんので、それほど神経質になる必要はありません。ただし、ファイルの読み書きは、Python内部と外の世界との接続方法の1つです。「コンピュータはメモリに比べてハードディスクのほうが動作が遅い」という知識があると、Pythonでファイルを扱うコードに対する理解がぐっと深まります。

　同様に、インターネットを通じた通信をするプログラムも簡単に書くことができますが、やはり事前にネットワークの基本的な仕組みを学んでおくと、関数やメソッドを理解しやすくなるでしょう。

ファイルの読み書き

6-3 複数行を書き込み・読み込みする

インタラクティブシェルやエディタでは、「改行」をキーボードの「Enter」キーですぐに入力できます。では、ファイルに「改行」を含んだ複数行の文章を書き込むには、どうしたら良いでしょうか？

STEP 1　改行をファイルに書き込む

テキストエディタで文字を入力している最中に改行をしようと思ったら、キーボードから「Enter」キーを押します。一方、Pythonインタラクティブシェルでは、「Enter」キーは入力されたコードを実行する命令です。ここで、1つ疑問が出てきます。

 ファイルに2行以上の文字列を書き込むコードを書くには、どうしたら良いだろう？

インタラクティブシェルでは、コードを入力している最中に「Enter」キーを押すわけにはいきません。たとえば、「Hello!」と「Python」という2つの単語を2行に分けてファイルに書き込みたいとき、次のようにHello!の後で「Enter」キーを押すと、コードエラーになってしまいます。

補足 「Enter」キーを押した時点で、そこまで入力したコードが実行されてしまうためです。

```
>>> test_file.write('Hello! ⏎
  File "<stdin>", line 1
    test_file.write('Hello!
                           ^
SyntaxError: EOL while scanning string literal
```

これを解決するには、"「Enter」キーを押す動作"を文字で表現できれば良さそうです。つまり、2行の文字列を「Hello![改行]Python」という具合に1行の文字列で表現するわけです。

```
>>> test_file.write('Hello![改行]Python') ⏎
```

注意 Windows系OSでは、「\」（バックスラッシュ）が半角の¥で表示される場合があります。

このような書き方を実現してくれるのが、**制御文字**という名前の特殊な文字です。前述したコードの[改行]の代わりに、制御文字「\n」を書くと、そこで改行

したのと同じ効果が得られるのです。

さっそく、実際のコードで試してみましょう。書き込むファイルの名前は、test2.txtとします。openメソッドから戻ってくるfile型のオブジェクトをtest_fileという変数で受け取ります。書き込みモードですので、2つ目の引数は'w'です。

```
>>> test_file = open('test2.txt','w')
```

ファイルに2行分を書き込むためには、改行したいところに改行を表す制御文字「\n」を入れます（図9）。

▼ **図9** 文字列の中の改行文字

コードにすると、次のようになります。

```
>>> test_file.write('Hello!\nPython')
13
```

画面に表示された、「13」という数字に注目してみましょう。制御文字「\n」が1文字分として数えられていることがわかります。後の処理は一緒です。closeメソッドを呼び出して、プログラムとファイルの接続を終了します。

```
>>> test_file.close()
```

では、いつも使っているテキストエディタで、完成したファイルtest2.txtを開いて中身を確認してみましょう。2行に渡ってデータが書き込まれているのが確認できるでしょう。

ポイント 「\n」を含んだ文字列をファイルに書き込むと、そこで改行される

コラム 改行を表す制御文字

　ここでは\nを紹介しましたが、実は、OSによって使われる改行文字が違います。表1に、主なOSで使われている改行文字をまとめておきます。

　Pythonでは、「\r\n」と「\n」のどちらも、改行であると認識してくれます。また、Windowsで動く多くのアプリケーションソフトは、標準の「\r\n」だけでなく、「\n」も改行と認識してくれます。4文字の「\r\n」を入力するのは面倒ですし、ミスも増えるので、文字列で改行を表現するときは、「\n」を使うと良いでしょう。

▼ 表1　改行を表す制御文字

OS	制御文字
Windows	\r\n
macOS、Linux	\n
Mac OS 9以前	\r

STEP 2　ファイルの終わり

　先ほど、ファイルに2行書き込むときに次のようなコードを入力しました。

```
>>> test_file.write('Hello!\nPython')
```

　この文字列の最後に改行が入ると、どうなるでしょうか。つまり、こんな具合です。

```
>>> test_file.write('Hello!\nPython\n')
```

　これら2つの方法で作ったテキストファイルを、テキストエディタで開いても一見違いがないように見えますが、実は少しだけ違いがあるのです。
　テキストエディタの種類によっては、ファイルの終わりにEOFや←などの記

補足　EOFは、End Of File（ファイルの終わり）の頭文字を取ったものです。

号が書かれていることがあります。これは、ファイルの終わりをわかりやすくするための記号で、実際にはファイルに何か書かれているわけではありません。EOFは仮想的な記号ですが、これを使って、最後の行に改行を入れたファイルと入れないファイルの違いを考えてみましょう。

図10を見てみましょう。最後に改行を入れるかどうかによって、EOFの位置が変わっているのがわかります。

▼ **図10** ファイルの終わりを表す特殊な記号

EOFの位置は元来それほど気にすることではありませんが、プログラミングではスタイルを統一することが重要です。本書では、最後の行がEOFだけになるよう、今後は複数行をファイルに書き込むとき、すべての行に改行を入れることにしましょう。

注意 ここで作ったtest2.txtは、最後の行に改行が入っていないままでも構いません。

STEP 3 ファイルから複数行を読み込む

先ほど作ったtest2.txtから、2行分のテキストを読み込んでみましょう。まず、組み込み関数openを使って、読み込みモードでファイルを開きます。

```
>>> test_file = open('test2.txt','r')
```

先ほどは、ファイルからの読み込みにfile型が持っているreadlineメソッドを使いました。これは、ファイルから1行ずつ読み込むメソッドです。このメソッドを2回呼び出せば2行読み込むことはできます。ですが、そうすると結果を1行ずつ受け取ることになり、扱いにくくなります。そこでここでは、複数行を一気に読み込んでリスト型のデータにしてくれるreadlinesメソッドを使ってみましょう。

この2つのメソッドの読み込み手順の違いを、図11にまとめておきます。

注意 2つのメソッドは末尾の「s」が付くかどうかの違いしかないので、間違えないようにしましょう。

▼ 図11　readlinesメソッドで複数行を1回のメソッド呼び出しで読み込める

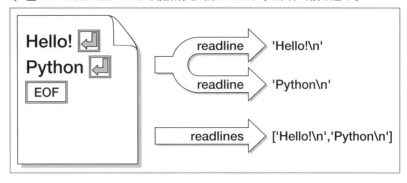

　test_fileからreadlinesメソッドで文字列を読み込み、linesという変数でこれを受け取ります。

```
>>> lines = test_file.readlines()
>>> print(lines)
['Hello!\n', 'Python']
```

　無事読み込みに成功し、2行になっていた文字列が、リスト型の1つのオブジェクトになりました。もう、ファイルとの接続は必要ありませんので、いつものようにファイルとPythonの接続を切り離しておきます。

```
>>> test_file.close()
```

STEP 4　改行を取り除く

　複数行にわたってファイルに文字列を書き込むとき、改行文字として\nを入力しました。ファイルから読み込んだ文字列データにも、改行の制御文字が入り込んでいるのがわかります。

```
>>> print(lines)
['Hello!\n', 'Python']
```

　ここで、リストlinesの最初の要素を、print関数で画面に表示してみましょう。

```
>>> print(lines[0]) ↵
Hello!

>>>
```

あれ？ 何かおかしいと思いませんか？

そうです、Hello!の後に空の行が入っています。これは、'Hello!\n'の最後に書いてある制御文字\nで改行し、その後print関数がもう一度改行するために起こります。

文字列に制御文字が混入していると面倒になることがありますので、取り除いておきましょう。文字列型には、このための便利なメソッドstripが用意されています。stripメソッドは、文字列の前後にある半角の空白文字や、改行・タブといった制御文字を取り除いてくれます。動きを確認してみましょう。

> 補足　stripは英語で、「皮をむく、はぎ取る」といった意味があります。

```
>>> '   test   \n'.strip() ↵
'test'
```

> 補足　このように、ちょっとしたコードをすぐに試せるのがPythonの大きな利点です。

このように、文字列の前後にある空白や制御文字を取り除いて、文字と記号だけにしてくれます。このstripを使って、改行文字を取り除いて表示してみましょう。

```
>>> print(lines[0].strip()) ↵
Hello!
```

今度は、無駄な改行が発生しませんでした。

文字列のメソッドstripで、前後の無駄な空白や制御文字を削除できる

ファイルの読み書き

6-4 for文を使ったファイルの処理

実際のプログラムでは、たくさんの行を一気に書き込んだり、読み込んだりできると便利です。前の章で学んだfor文を使うと、このコードが簡単に実現できます。

STEP 1　テストデータの準備

　前の節で、複数行をいっぺんに読み込むreadlinesメソッドを紹介しました。実は、書き込みにも似たメソッドがあります。

　writelinesメソッドを使うと、リストになっているデータを一度に書き込むことができます。'1,2,3'、'4,5,6'、'7,8,9'を要素して持つリスト型のデータを用意し、writelinesメソッドを使ってtest3.txtという名前のファイルに書き込んでみましょう。そろそろ、慣れてきたと思いますので、書き込むコードを続けて示します。

```
>>> data = ['1,2,3\n','4,5,6\n','7,8,9\n']
>>> test_file = open('test3.txt','w')
>>> test_file.writelines(data)
>>> test_file.close()
```

注意 最後の行にも改行を入れると決めたので、すべての要素に改行文字が入っています。

　実行したら、エディタでtest3.txtの中身を確認してみましょう（図12）。

▼ 図12　test3.txtの内容

STEP 2　for文を使った読み込み

　test3.txtには、数字がカンマで区切られた文字列が3行書かれています。これを、for文を使って読み込むコードを書いてみましょう。for文でリスト型のデータを処理するコードは前の章で紹介しましたね。同じように、Pythonでは、ファイルの行ごとの操作を、for文で簡単に書けるように作られています。
　for文でファイルを扱うときの基本的な構文を、図13に示します。

▼ 図13　for文を使ってファイルを処理する

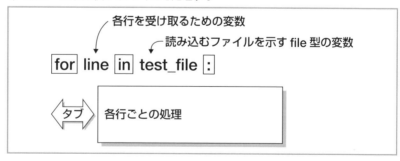

　リスト型のオブジェクトを先頭から処理するときと同じように、file型のオブジェクトを処理することができます。

まず、練習のため、test3.txtのデータを読み込んで画面に出力するだけのコードを書いてみましょう。for文の繰り返し処理を書くブロックは、タブを入力して字下げすることを忘れないようにしてください。余計な改行が入らないように、stripによる改行コードの削除もしておきましょう。

```
>>> test_file = open('test3.txt','r')
>>> for line in test_file:
...     print(line.strip())
...
1,2,3
4,5,6
7,8,9
>>> test_file.close()
```

test_fileの各行lineについて処理を繰り返す

各行の改行コードを取り除いて画面に表示する

このように、for文を使うと、file型のreadlineメソッドを呼び出さなくても、それぞれの行を取り出すことができます。取り出した後に、ファイルを片付けるcloseメソッドを忘れないようにしましょう。

ポイント for文を使うと、テキストファイルの複数行を簡単に読み込める

STEP 3　カンマをタブに変換する

補足 カンマ区切りで保存されたデータを、CSV (Comma Separated Values)、タブ区切りで保存されたデータを、TSV (Tab Separated Values) といいます。

　読み込んだデータを画面に表示するだけでは面白くありませんので、カンマ区切りをタブ区切りに変換するコードを書いてみることにしましょう。このコードのために、新しいことを2つ学びます。文字列型が持っているjoinメソッドと、タブを表す制御文字です。

　joinメソッドは、リストやタプルを引数に取って、すべての要素の間に文字列を挿入して連結してくれます。次の例を見てみましょう。

```
>>> '-'.join(['a','b','c'])
'a-b-c'
```

　'a','b','c'の3つの文字列を要素に持つリスト型のオブジェクトを引数に取って、それぞれの間を'-'で埋めて1つの文字列にしてくれました。60ページで紹介した、文字列を分解してリストにして返すsplitメソッドと組み合わせると、カンマ区切りをタブ区切りに変換できそうです。

では、タブを入力する方法はどうしましょうか。改行を表現する制御文字「\n」をすでに学びましたが、タブ文字は「\t」と書くと表現できます。制御文字は、改行とタブの他にもいろいろありますが、プログラミングではこの2つを覚えておけば大丈夫です。

joinメソッドとsplitメソッド、タブ文字を使って作ったプログラムを見てみましょう。

```
>>> test_file = open('test3.txt','r')
>>> for line in test_file:
...     temp_list = line.strip().split(',')
...     output_line = '\t'.join(temp_list)
...     print(output_line)
...
1	2	3
4	5	6
7	8	9
>>> test_file.close()
```

改行を取り除いて「,」で分割したリストを作る

リストの間にタブ文字を入れて結合する

ファイルにカンマ区切りで保存されていた文字列が、タブ区切りになって画面に表示されました。コードの中では、temp_listからはじまる行が少し難しいかもしれません。これは、メソッドを連続で呼び出しているだけですので、次のように2行のコードで書いても同じことになります。

補足 ただし、2行で書いた例では、変数を1つ余分に使う必要があります。これは、コードをわかりやすくするためなので、temp_strを使い回しても構いません。

```
temp_str = line.strip()
temp_list = temp_str.split(',')
```

補足 変数名に付いているtempは、「一時的な」という意味の英語temporaryの略です。カンマ区切りをタブ区切りに変換する作業の途中でだけ使われる変数なので、それをわかりやすく示しています。

図14に、連続的にメソッドを呼び出したときのデータの変化を示しておきます。

▼図14 メソッドの連続的な呼び出し

temp_list = line.strip().split(',')		
line	'1,2,3\n'	読み込まれた1行
line.strip()	'1,2,3'	改行文字の削除
line.strip().split(',')	['1','2','3']	カンマで区切ってlistに変化

ポイント
文字列の中にタブ文字を入れるには、「\t」を入力する
メソッドをドット(.)でつなげて書くと、連続で処理される

STEP 4 withを使ったファイルの処理

　ここまでの内容で、Pythonを使ったファイルの処理ができるようになってきたと思います。ファイルは、openを使って開き、closeで閉じるのが基本ですが、うっかりcloseし忘れることがあるかもしれません。closeを忘れると、ファイルとプログラムの接続が開いたままになり、余計なメモリを消費しますし、書き込みの場合は正しく完了しないこともあります。

　これを防いでくれるのが、withを使った書き方です。with文は、ファイルやデータベースなど、プログラムと外部のデータを接続するコードを書くときに、closeメソッドのような後処理を自動的に行ってくれます。

> **補足** 読み込みモードの引数'r'は、省略できます。

　たとえば、163ページで書いたtest3.txtを読み込んで内容を画面に表示するコードを、withを使って書くと次のようになります。

```
>>> with open('test3.txt', 'r') as test_file:
...     for line in test_file:
...         print(line.strip())
...
1,2,3
4,5,6
7,8,9
```

　open関数の戻り値をtest_fileで受け取る部分が、withとasを使った書き方に変わっています。withのブロック内には、ファイルを処理するコードを書きます。withブロックを抜けるときに後処理が行われますので、closeメソッドを呼ぶ必要はありません（図15）。

▼ **図15** with文を使ってファイル処理をまとめる

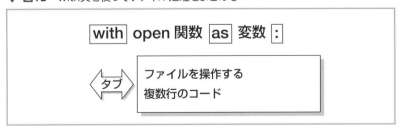

　ファイルの操作はopenとcloseが基本ですが、実際のプログラミングでは、closeを忘れると致命的な不具合になることもあります。withを使うとコードの行数も少なくなりますので、withを使った書き方も身につけておいてください。

まとめ

- ファイルを読み書きをするには、組み込み関数openを使います。
- open関数の1つ目の引数は操作するファイル名、2つ目の引数は、読み込みの場合は'r'、書き込みの場合は'w'です。
- ファイルへの書き込みは、writeメソッド、ファイルからの読み込みにはreadlineメソッドを使います。
- 改行は「\n」、タブは「\t」で表現します。
- ファイルの複数行を読み込んだり書き込んだりするときは、for文を使うと便利です。
- with文を使ってファイルを操作するコードをまとめると、closeの処理をPythonに任せられます。

練習問題

1. ファイルを読み書きする関数openは、ファイル名の他に、モードを引数として取ります。読み込みのときは ① 、書き込みのときは ② です。
2. open関数を使って開いたファイルは、最後に ① メソッドを使って閉じる必要があります。
3. 制御文字の「\t」は ① を意味し、「\n」は ② を意味します。

第 7 章

Python で画を描く

インタラクティブシェルからコマンドやコードばかりを入力していると、学習が味気ない作業になってきてしまいます。そんなときも、Python を使っていて良かったと思えます。Python には、画を描きながらプログラミングを学習できる機能も付いているのです。

7-1 Pythonで画を描く

この章で学ぶこと

この章では、画面に画を描きながらPythonへの理解を深めていきます。Pythonの中には、命令通りに動いてくれる亀がいます。この章は、亀を操る方法を学びながら、ifやwhileの使い方も上手くなってしまう、一石二鳥の章です。

POINT 1　亀をプログラムで動かす

　真っ白な紙の上に、ペンを使って直線や円を描くという動作と同じことがPythonではできます。これには、turtleモジュールを使います。turtleは英語で亀という意味ですが、このモジュールで作った亀を動かすと、動いた軌跡が線になります。これを利用して画を描いてしまおうというわけです。画面のイメージは、図1のような具合になります。

▼ 図1　亀を動かして軌跡で画を描く

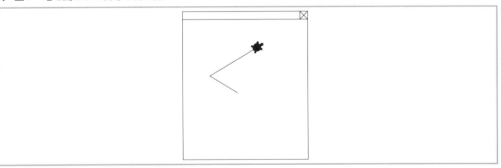

　まず、turtleモジュールの基本を知りましょう。亀を使って画を描くために、turtleモジュールの中のTurtle型を使います。いろいろなメソッドが出てきますが、すべて亀の動きですぐに結果を確認できるので大丈夫です。

POINT 2　亀を使って図形を描く

　turtle.Turtle型の基本を学んだ後、三角形や星形などの図形を描いてみます。ここで、for文を使うと、簡単に幾何学的な図形が描けることを体験してみましょう。その後、でたらめに動き回る亀のプログラムを作ります。ここでは、while文やif文を使って亀の動きを制御します。

7-2 Pythonで画を描く

turtleモジュールの基本

まずはturtleモジュールの使い方を解説します。後の章でもturtleモジュールを例にさまざまなプログラミング技法を学んでいくので、ここでこのモジュールの使い方に慣れておきましょう。

STEP 1　亀を作り込む

それでは、さっそくturtleモジュールを使ってみましょう。まずは、turtleモジュールをimportします。その後、turtleモジュールの中のTurtle型の初期化メソッドを呼び出します。新しくできたTurtle型のインスタンスに、kameという変数名を付けることにします。

```
>>> import turtle
>>> kame = turtle.Turtle()
```

これだけのコードで、新しいウィンドウが現れ、そのウィンドウの真ん中に右を向いた小さな三角形が描かれました。この新しい画面を、キャンバスと呼ぶことにします。キャンバスは、マウスを使ってサイズを調整することができます。キャンバスがコマンドを入力する画面に隠れてしまわないように、横に並べて配置すると良いでしょう（図2）。

注意 WindowsでPowerShellからではなく、IDLE（Python GUI）を使っていると、うまくキャンバスが開かない場合があります。

注意 この後、turtleモジュールを利用中に、エラーが出たり、画面が動かなくなってしまうことがあったら、PythonインタラクティブシェルをquiT()で一度終了し、再度turtleモジュールを読み込んでみてください。

▼ **図2**　Pythonのコードを入力する画面（左）とキャンバス（右）

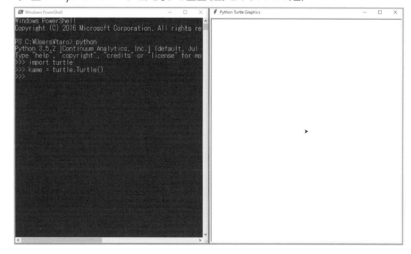

さて、Turtle型とは名ばかりで、表示された図形は亀の形をしていません。手はじめに、この三角形を亀にしてみましょう。turtle.Turtle型のshapeメソッドを使って、次のように書きます。

```
>>> kame.shape('turtle')
```

shapeメソッドは、あらかじめ定義された形の中から、好きな形を指定することができます。用意されている形は、'arrow'、'turtle'、'circle'、'square'、'triangle'、'classic'の6つです。

続いて、サイズが小さくて貧相なので、大きくしてみましょう。これには、shapesizeメソッドを使います。縦に2倍、横に2倍、輪郭の線の太さを3にしてみます。引数でこの順番に数字を指定します。

```
>>> kame.shapesize(2,2,3)
```

これで、だいぶ亀らしくなってきました（図3）。

▼ 図3　出来上がった亀の形

では、実際に亀を動かしていきましょう。いろいろなメソッドを試しながら、その動きを確認していきます。

STEP 2　亀を動かす

● forwardメソッド

forwardメソッドを使うと、亀を前進させることができます。forwardメソッドは、移動距離を引数として取ります。数字の単位はピクセルです。forwardを短くしたfdも、同じ意味のメソッドとして利用できます。

次のコードを実行してみましょう。亀がじわりと動き、通ったところには線が描かれます（図4）。

```
>>> kame.forward(150)
```

▶ ピクセル
パソコンのディスプレイ画面の一番小さな点のことを、ピクセル（画素）と呼びます。

▼ 図4　forwardメソッドを使って前進した亀

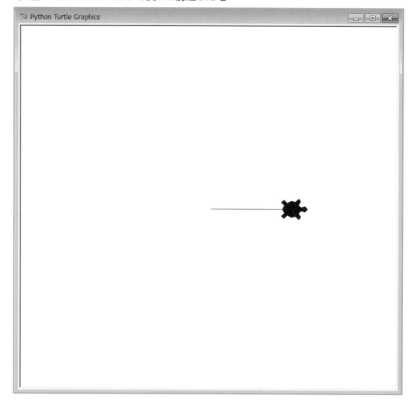

　あまり行きすぎてしまうと、キャンバスからはみ出して亀が見えなくなってしまいます。試しに、数字を増やして実行してみましょう。

注意 キャンバスのサイズによっては、すでに亀がはみ出してしまっているかもしれません。その場合も、backwardメソッドで少し戻してみましょう。

```
>>> kame.forward(500)
```

● backwardメソッド

　backwardメソッドを使うと、亀を後退させることができます。bk、backも同じ意味で使えるメソッドです。先ほど画面から消えた亀を、呼び戻してみましょう。

```
>>> kame.backward(500)
```

　実行すると、もとの場所に戻ってくることを確認してください。

● rightメソッド・leftメソッド

亀の向きを変えることもできます。rightメソッドは、右回転の角度を引数にとって亀の進行方向を変えます。一方、leftメソッドは、左回転です。

次のコードを実行してみましょう。

```
>>> kame.right(90)
```

亀の向きが右に90度回転して、亀が真下を向きます。続いて次のコードを実行すると、亀が180左に回転して、亀が真上を向きます（図5）。

```
>>> kame.left(180)
```

▼ 図5　上を向いた亀

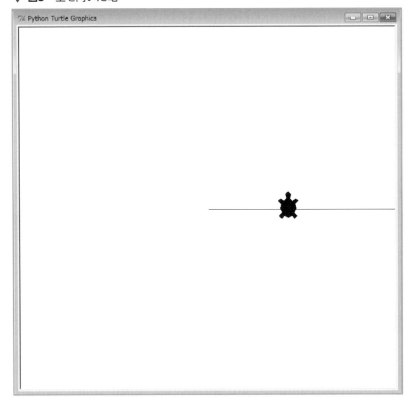

● circleメソッド

circleメソッドを使うと、キャンバスに円を描くことができます。このメソッドは、円の半径を引数に取ります。円は、亀がいる位置から左回りに描かれます。亀は最初の地点から150ピクセルの位置にいますので、半径150の円を描いてみましょう（図6）。

```
>>> kame.circle(150)
```

▼ 図6　円を描き終わった亀

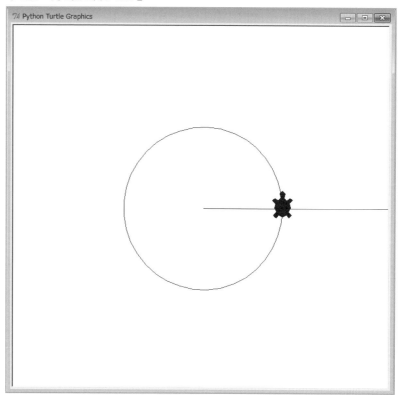

最初の地点を中心とした円が描き上がりました。円を描き終わると、亀はもとの位置に戻ります。

● undoメソッド

1つ前に行った作業を取り消すには、undoメソッドを使います。次のコードを実行してみましょう。直前に描いた円を律儀に消してくれます。

```
>>> kame.undo()
```

● homeメソッド・clearメソッド

いろいろ試しているうちに、亀の位置がどんどんずれて、キャンバスも汚れていきます。すべてを消してしまいたい、と思うこともあるでしょう。

homeメソッドを使うと、亀が画面の中心に戻り、向きも初期状態の右向きに変わります。続いて、clearメソッドを実行すると、これまで描かれたすべての線を消すことができます。

> 注意 clearメソッドの後に、homeメソッドを呼び出してしまうと、亀が中心に戻るまでの軌跡が残ってしまうので注意しましょう。

```
>>> kame.home()
>>> kame.clear()
```

これで、キャンバスと亀が最初の状態に戻りました。

STEP 3 キャンバスと座標系

● window_widthメソッド・window_heightメソッド

キャンバスのウィンドウはマウスを使って大きさを自由に変更できるので、現在のキャンバスサイズを知ることができると便利です。

亀が動く画面は、2つのオブジェクトが合わさってできています。動いている亀は、turtle.Turtle型で、背後のキャンバスは、getscreen()メソッドで返ってくるturtle._Screen型のオブジェクトです。キャンバスのサイズを知るには、このオブジェクトのwindow_widthメソッドとwindow_heightメソッドを使います。

> 注意 お使いのOSや画面サイズによって、サイズの数字はバラバラです。

```
>>> kame.getscreen().window_width()
960
>>> kame.getscreen().window_height()
810
```

キャンバスのサイズは、ピクセル単位で返ってきます。

キャンバスの座標は、中心部分が原点(0,0)になるx-y座標系と考えることができます(図7)。

▼ 図7　キャンバスとx-y座標の関係

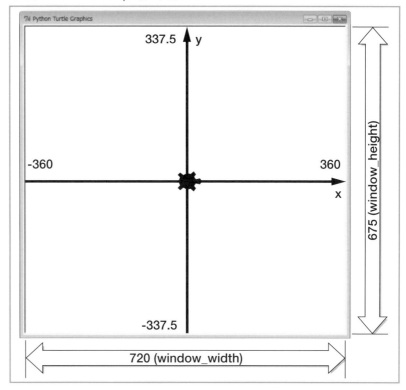

　window_widthメソッドで得られるのは、キャンバスの横幅です。横はx方向になります。この例では、横の長さは720です。キャンバスの真ん中のx座標が0になるので、右端のx座標は360で、左端は-360であることがわかります。

　同様に、縦の長さが675の場合、上端のy座標は337.5になり、下端のy座標は-337.5になります。

● positionメソッド

補足　positionは英語で、「位置」という意味です。

　positionメソッドを使うと、亀の現在いる場所の座標が返ってきます。最初は亀が中心点にいますので、実行すると次のようになります。

```
>>> kame.position()
(0.00,0.00)
```

● gotoメソッド

　x座標とy座標を指定して、亀を好きな場所まで移動することができます。これには、gotoメソッドを使います。gotoメソッドは引数を2つ取ります。最初の

引数が移動先のx座標で、2つ目の引数がy座標です。

```
>>> kame.goto(150,200) ⏎
```

これで、亀が右斜め上に移動したと思います。positionメソッドで場所を確認してみましょう。

```
>>> kame.position() ⏎
(150.00,200.00)
```

確かに、指定した位置（x座標150、y座標200）へ移動していることがわかります（図8）。

▼ 図8　指定した座標位置への移動

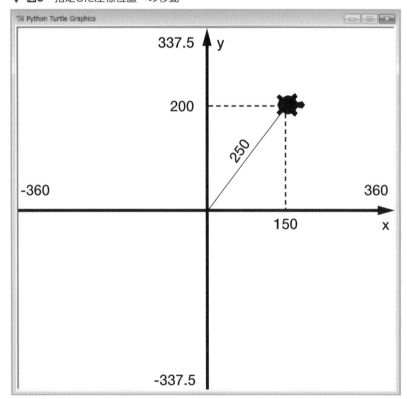

● distanceメソッド

亀が今いる場所と、指定した座標との距離は、distanceメソッドで測ることができます。distanceで今いる場所と中心点との距離を測ってみましょう。

補足　distanceは、英語で「距離」という意味です。

キャンバスの原点の座標は、x座標もy座標も0ですので、コードは次のようになります。

```
>>> kame.distance(0,0) ⏎
250.0
```

これで、亀が最初の地点から250ピクセルだけ離れた場所にいることがわかりました。

STEP 4 ペンの上げ下げ

亀は、移動と同時に線を描いてくれますが、線を描いてほしくないときもあるでしょう。移動したときに線を描かないようにするには、penupメソッドを使います。このメソッドに引数はありません。これを実行すると、亀にくっついているペンをキャンバスから上げる（離す）ことができます。

penupメソッドを実行しても亀の見た目に変化はありませんが、移動してみるとその違いがわかります。次のようにして、ペンを上げた後に円移動してみましょう。

```
>>> kame.penup() ⏎
>>> kame.circle(150) ⏎
```

亀は円を描いて戻ってきますが、ペンが上がっているため、その軌跡には何も描かれませんでした。

ペンの状態を知るには、isdownメソッドを使います。ペンがキャンバスに下りていればTrue、キャンバスから上がっていればFalseが返ってきます。また、再びペンを下ろしたいときは、pendownメソッドを使います。

```
>>> kame.isdown() ⏎
False
>>> kame.pendown() ⏎
```

このコードを実行すると、ペンが下りて、再び線を描くことができるようになります。

turtleモジュールのTurtle型を使うと、Pythonで手軽に画が描ける

Pythonで画を描く

turtleモジュールを使いこなしてみよう

この節では、直線や円だけでなく、もっと複雑な図形を描くことに挑戦してみましょう。このとき、for文やwhile文を使うと、画を描く処理が便利になることを実感できるでしょう。

STEP 1　正三角形を作る

注意 三角形の大きさは、キャンバスのサイズによって適宜変更してください。

Turtle型のオブジェクトを使って、正三角形を描いてみましょう。ここでは、一辺の長さが200の三角形を描きます。

まず、homeメソッドとclearメソッドを使って、亀の向きと位置を初期状態に戻してキャンバスを片付けます。その後、一辺の長さ分だけ右に進みます。

```
>>> kame.home()
>>> kame.clear()
>>> kame.forward(200)
```

まず、一辺だけ描けました。さて、この後はどうしたら良いでしょうか?

三角形の内角の和は180度ですので、これを三等分すると、正三角形の内角が60度だとわかります。つまり、この位置から、左に「180 - 60 = 120」度だけ方向を変えると、内角が60度になります(図9)。亀の向きを左に120度回転してみましょう。

```
>>> kame.left(120)
```

▼図9　左に120度回転したところ

ここまでできれば後は簡単です。forwardメソッドとleftメソッドを使って同じことをさらに2回繰り返せば、正三角形が完成し、亀はもとの場所と角度に

戻ってきます（図10）。

```
>>> kame.forward(200)
>>> kame.left(120)
>>> kame.forward(200)
>>> kame.left(120)
```

▼ **図10　正三角が出来上がったところ**

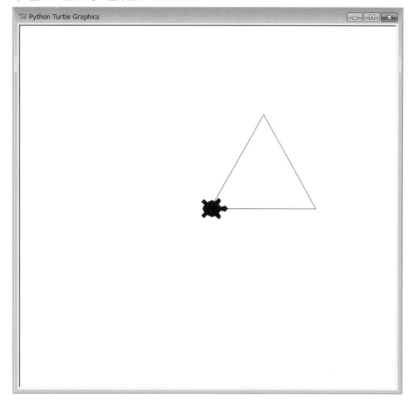

STEP 2　for文を使った描画

　正三角形を無事に描くことができましたが、コードを見ると、同じような命令を何度も実行していることに気がつきます。結局のところ、「200進む」と「左に120度回転する」という動作を3回繰り返しているだけです。このような繰り返しの作業では、for文を使うと便利です。

　for文を使った実際のコードをまず見てみましょう。

```
>>> kame.home()
>>> kame.clear()
>>> for i in range(3):
...     kame.forward(200)
...     kame.left(120)
...
```

　この例では、三角形を描くためにfor文の中に書かれたコードを3回繰り返しますので、そのためにrange関数で長さ3のリストを作っています。このリストは実際に使うわけではありませんが、繰り返し変数iを用意して、for文の形を作っています。

注意 for文のブロックの中では、タブキーを1つ入力して字下げする必要があります。

　for文のブロックでは、「200進む」と「左に120度回転する」というコードを1つずつ記述します。最後に、「Enter」キーを2回押すと、ブロックが閉じられてfor文の処理がはじまります。亀が連続的に動いて、正三角形が描画されるでしょう。

　このようにfor文を使うと、同じコードを何度も描かなくて済むので、プログラミングがぐっと楽になります。

range関数を使うと、for文の繰り返し回数を指定できる

　今度は、図11のような星形を描いてみましょう。幾何が得意な方は、正解を見る前に描き方を考えてみると良いでしょう。

▼ **図11** 星形を描画したところ

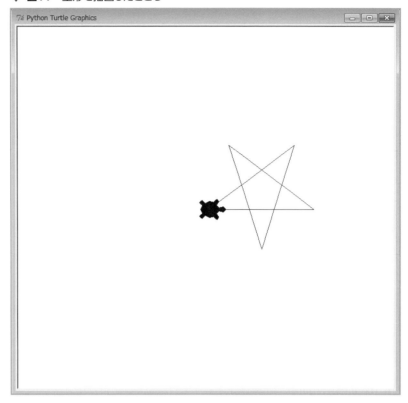

とにかく結果が見てみたいという方は、次のコードを入力して実行してみましょう。

```
>>> kame.home()
>>> kame.clear()
>>> for i in range(5):
...     kame.forward(200)
...     kame.left(144)
...
```

星形は、5つの線から構成されていますので、for文の中のコードは5回実行される必要があります。回転する角度は、左に144度です。

単純な繰り返し処理は、for文を使うと簡単に書けることが実感できたと思います。

STEP 3　亀をランダムに動かしてみる

　知恵を絞ることで、規則正しい幾何学模様を描くことができました。次は、亀を不規則に動かすことを考えてみます。ランダムに角度を変えて、少し進んだら、また角度を変えるという動作をさせてみましょう。

● 不規則に向きを変える

　ぐるっと一周は360度ですので、1から360までの数字からランダムに1つを選んで方向を変えれば、亀の方向を不規則に変更できそうです。こうした目的には、randomモジュールが便利でしたね（129ページ参照）。
　random.randintを使えば、次のように、1から360までをランダムに選ぶことができます。モジュールをimportして、試してみましょう。

```
>>> import random
>>> random.randint(1,360)
181
```

注意　もちろん、皆さんが試した結果は違う値になっていることでしょう。

　後は、Turtle型のleftメソッドの引数に、ランダムに発生させた角度を入れれば良いだけです。亀とキャンバスを片付けてから、亀の方向をランダムに変更してみましょう。

```
>>> kame.home()
>>> kame.clear()
>>> kame.left(random.randint(1,360))    ← このコードを何度も実行する
>>> kame.left(random.randint(1,360))
>>> kame.left(random.randint(1,360))
>>> kame.left(random.randint(1,360))
            ・
            ・
            ・
```

注意　インタラクティブシェルでは、上矢印キーでそれまで実行したコードを呼び出すことができます。

　何回か連続で実行すると、その都度違った角度で回転しているのがわかると思います。

● 不規則に移動させる

　次は、亀が角度を変えた後に15ピクセルだけ前進させ、この2つのコードをずっと繰り返し実行させることを考えましょう（図12）。

▼ **図12** 2つのコードを永遠に繰り返す仕組み

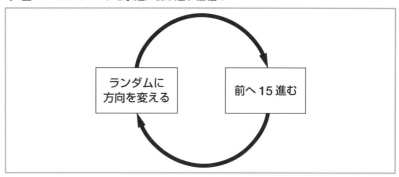

　for文は決まった回数だけ繰り返す仕組みなので、ずっと繰り返す処理はできません。そこで、while文を思い出してみましょう。while文は、条件が成立している間はずっと、ブロックの中のコードを実行し続けますね（129ページ参照）。

　Pythonでは、「条件が成立している」という状態を、真偽値のTrueで表現します。つまり、while文で条件を書く箇所に「True」と直接書いてしまえば、永遠に繰り返し続ける処理になります。

　実際のコードは次のようになります。

```
>>> while True:
...     kame.left(random.randint(1,360))
...     kame.forward(15)
...
```

　実行すると、ごちゃごちゃと軌跡を描きながら、亀があちらこちらと方向を変えて動き回る様子が見られます（図13）。

▼ 図13 ランダムに動き回る亀

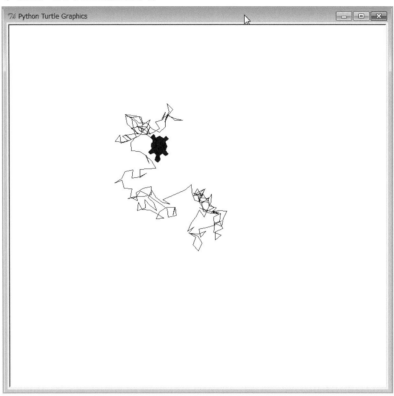

ただし、このままでは永遠に亀は止まってくれません。
　このコードを終了するには、Pythonインタラクティブシェルの画面がアクティブになっている状態で、「Ctrl」キーを押しながら「C」キーを押します。すると、見慣れない表示が出た後に、「KeyboardInterrupt」と表示されて、コードの実行が停止します。

注意 これは、実行中のコードを強制的に止めるための方法です。

STEP 4　原点からの距離で停止する

　永遠に動き続ける亀も悪くありませんが、しばらく見ていると、亀が画面からはみ出してしまうことがあります。見えないところで動いていても面白くありませんので、何らかの条件で停止する仕組みを作ってみましょう。ここでは、原点からの距離が200を超えたら、すぐにストップするようにしてみましょう。

● 亀が動く範囲の円を描く

　まず、境界線がわかるように、原点を中心とした半径200の円を描いてみましょう。

circleメソッドを使うと、亀が今いる場所から左回りで円を描きはじめてしまうので、原点を中心とした円を描くには少し工夫が必要です。原点から半径分だけ移動してから、円を描きはじめなければなりません。

実際のコードは次の通りです。入力しなければならないコードが多いので、途中で間違えてしまったら、undoメソッドを使ってやり直してください。

```
>>> kame.home()
>>> kame.clear()
>>> kame.penup()
>>> kame.forward(200)
>>> kame.left(90)
>>> kame.pendown()
>>> kame.circle(200)
>>> kame.penup()
>>> kame.home()
>>> kame.pendown()
```

このコードでは、軌跡が残らないようにペンを上げてから前に（右方向に）200進み、方向を真上に変えてからペンを下ろして、半径200の円を描きます。終わったら、もう一度ペンを上げて、中心に戻って、ペンをキャンバスに下ろしています（図14）。

▼ **図14** 原点を中心にした半径200の円

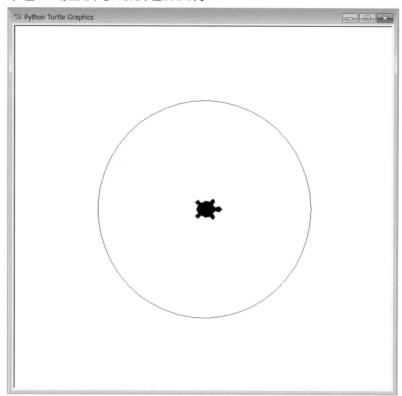

● 円の内側だけ動くようにする

　この円の内側だけを亀が動き回るようにプログラミングするには、どうしたら良いでしょうか？

　亀と原点との距離は、distanceメソッドを使えばすぐに計算できます（178ページ参照）。つまり、原点を引数にしたdistanceメソッドの値が200を少しでも超えると、今描いた円からはみ出していることになります。

　while文は、条件が成り立っている間はずっとブロックのコードを実行し、条件が成立しなくなった途端、実行を停止するという仕組みでした。これを組み合わせれば、目的を達成できそうです。

　先ほどの例で「while True:」となっていたところを、「distanceメソッドが返す値が200より小さい」という条件に変更してみましょう。実際のコードは、次のように書きます。

```
>>> while kame.distance(0,0) < 200: ⏎
...  [TAB] kame.left(random.randint(1,360)) ⏎
...  [TAB] kame.forward(15) ⏎
... ⏎
```

　実行すると亀はしばらく動き回りますが、円の境界線を少しでも越えると、即座に動きが止まります。これは、while文の条件が成立しなくなって繰り返しが終了し、コードの実行が終わるためです（図15）。

▼ **図15** 境界をはみ出して、動きが止まった亀

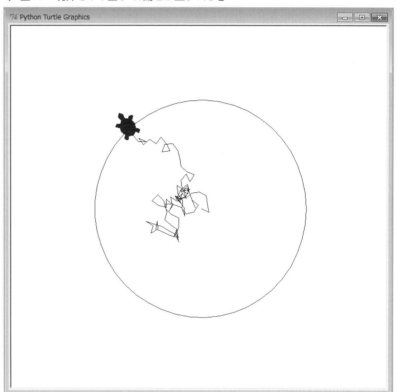

STEP 5　円の内側を永遠に動き回る亀

　これで、亀の動く範囲を制限することができました。ですが、せっかくコードを書いたのにすぐに動きが止まってしまうのは面白くないので、亀にはずっと動いていてもらいたいところです。そこで、半径200の円の中だけを亀がずっと動き回るように、コードを書き換えることにします。
　まず、次のようにして、これまでの軌跡を消して円を描き直します。

```
>>> kame.home()
>>> kame.clear()
>>> kame.penup()
>>> kame.forward(200)
>>> kame.left(90)
>>> kame.pendown()
>>> kame.circle(200)
>>> kame.penup()
>>> kame.home()
>>> kame.pendown()
```

注意 このコードは178ページで実行したものと同じです。半径200の円を描くのがいちいち面倒ですが、実はこれには解決策があります。詳細は第8章で解説します。

さて、亀が円の中だけを永遠に動き回るようにするには、どうしたら良いでしょうか?

亀がどの方向へ進むかはランダムなので、次の一歩で亀が外に出てしまうかどうかを判定するのは、簡単ではありません。そこで、少し楽をしましょう。

具体的には、亀は円から出ても良いことにして、軌跡だけは円の内側に収まるようにします。つまり、亀が円の外に出てしまったら、undoメソッドを使ってもとに戻すのです(図16)。これで、亀は円の外には軌跡を残さなくなり、円の内側をずっと動き回ります。

▼ 図16 境界をはみ出してしまったら、戻ってやり直す

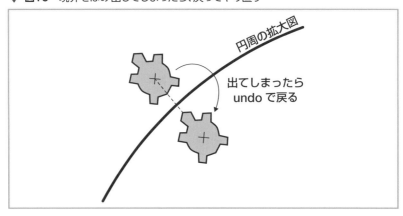

実際のコードを書く前に、全体の流れをフローチャートにしてみましょう(図17)。

▼ 図17　円の中だけを動くための処理の流れ

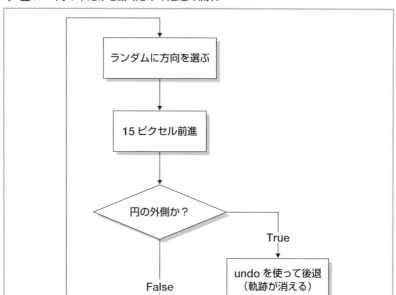

　亀が円の外に出てしまったらやり直して、円の中を移動できたらそのまま続けるという処理です。円の外に出たかどうかは、distanceメソッドとif文を使えば判定できます。実際のコードは、次のようになります。

```
>>> while True:
...     kame.left(random.randint(1,360))
...     kame.forward(15)
...     if kame.distance(0,0) > 200:
...         kame.undo()
...
```

　最後の行のkame.undo()を実行する箇所は、while文ブロックの中にあるif文のブロック（ブロックの中のブロック）なので、タブキーを2回押して字下げを2つ分入れてください。

　実際にコードを実行してみましょう（図18）。しばらくすると、亀が境界線近くまで接近し、円周にゴツゴツあたって跳ね返されるように見えるときがあります。これが、if文の条件が成立してundoメソッドが実行される瞬間です。

　このプログラムは永遠に続くので、適当なところでインタラクティブシェルをクリックし、「Ctrl」キーを押しながら「C」キーを押して終了しましょう。

▼ **図18** 境界をはみ出さない亀の軌跡

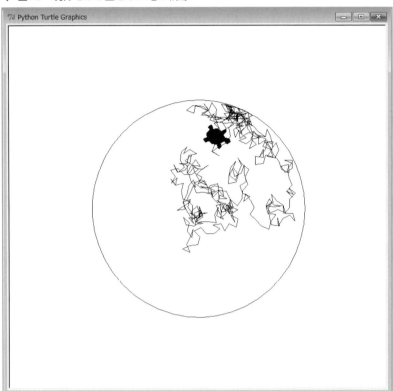

まとめ

- turtleモジュールのTurtle型を使うと、Pythonのコードで画を描くことができます。
- Turtle型オブジェクトの動きを、for、if、whileといった条件分岐と繰り返しの文で制御すると、さまざまな形の図形を描くことができます。

練習問題

1. 正三角形を描いたのと同じ要領で、正六角形を描いてみましょう。
2. forwardやleft、homeやclearなどといった、Turtle型の基本的なメソッドの動きを再度確認しておきましょう。

第8章

関数を作る

関数は、プログラミングの中心となる重要な要素です。この関数を自分で作るというのがこの章の目的です。関数を作る過程でその仕組みを知ると、Pythonへの理解がさらに深まるでしょう。

8-1 関数を作る

この章で学ぶこと

この章では、関数の作り方について学びます。これまで、「組み込み関数」や「メソッド」という形で使うことに慣れてきた関数を、自分で作れるようになることが目標です。

POINT 1　基本的な書き方を習得する

まずは、インタラクティブシェルで簡単な関数を作ってみましょう。引数を受け取るための書式や、戻り値の返し方も学びます。

次に、関数をスクリプトファイルに保存して、import文で呼び出す方法も紹介します。こうすることで、関数の変更や再利用が簡単にできるようになります。

POINT 2　関数の便利さを体験する

第7章では、turtleモジュールを使って画を描きました。再びこのモジュールを使って、関数の便利さを体験してみましょう。「亀が自分を中心に円を描く動作」の関数を作って、引数で円の大きさを調節できるようにします。

POINT 3　関数をさらに知る

関数を作れるようになったところで、関数を普通のデータ型と同じように使うことができることを紹介します。関数がさらに身近に感じられるようになるでしょう。

関数を作る

関数の書き方を知ろう

ここでは、これまで使ってきた組み込み関数の仕組みを思い出しながら、関数を自分で作るための基本的な書き方を学びましょう。

STEP 1　関数ってなんだろう？

注意 特定のデータ型が持っている専用の関数は、メソッドと呼びます。

　これまで、私たちはPythonにもともと用意された関数（組み込み関数）を使ってきました。ここで改めて、関数について考えてみます。

　これまで関数を使っているときは、その中でどんな作業が行われているのかまったく気にすることはありませんでした。たとえば、リスト型データの長さを返してくれる関数にlenがありました。

```
>>> test_list = [1,2,3]
>>> len(test_list)
3
```

　len関数を使うと、たった1行でtest_listの長さを知ることができます。
　一方、len関数を使わずに長さを調べようとすると、次のようなコードになります。

```
>>> length = 0
>>> for i in test_list:
...     length += 1
...
>>> length
3
```

　for文を使って長さを調べるコードです。それほど長くはありませんが、len関数を使ったほうがずっと便利です。
　関数を使うことは、自分でやるのが面倒な仕事を誰か別の人に頼むのに似ています。
　仕事をするのに必要な資料は、あらかじめ渡す必要があります。この資料が、関数における引数になります。len関数の場合は、長さを調べたいリスト

test_listが引数として渡されています。len関数は引数を受け取って別室で作業を行い、完了すると結果を返してくれます（図1）。

▼ 図1　関数は別室での作業

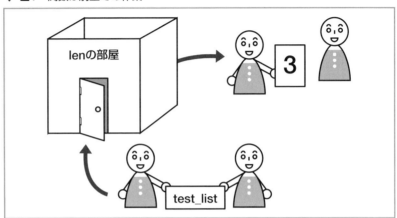

関数を使うことは、面倒な仕事を他人にやってもらうことと同じ

STEP 2　簡単な関数を作ってみる

　ではさっそく、簡単な関数を作りながら、関数の書き方を学んでいきましょう。

　まずはもっとも単純な、引数を取らず、何の値も返さない関数です。関数の中で変数iを定義して3を代入するだけの作業をします。名前は「func」とでもしておきましょう。この関数を作るコードを図2に示します。

補足　「関数」は英語でfunctionなので、この先頭4文字を取りました。

▼ 図2　はじめて作る関数funcの書き方

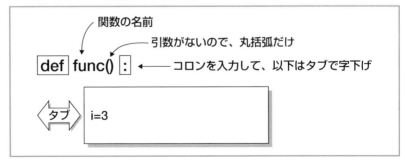

補足 「定義する」という意味の英単語はdefineなので、その先頭3文字です。

関数は、defというキーワードで定義します。defの後、半角スペースを1つ入れて、続けて関数の名前を書きます。名前に引き続き、丸括弧()を書きます。引数がある場合は括弧の中に指定しますが、今は引数を持たない関数を作っているので空っぽです。最後にコロン:を書きます。

次の行はコロンの後なので、for文やif文と同じように、タブキーを1つ入力してインデント（字下げ）します。このブロックが関数の中身になるわけです。

では、実際にインタラクティブシェルで入力してみましょう。

```
>>> def func(): ⏎
... TAB i = 3 ⏎
... ⏎
>>>
```

インタラクティブシェルで関数を定義するときは、関数の最後の行を入力した後に「Enter」キーを2回押せば、ブロックが終了して関数が完成します。

これで、はじめて作った関数funcが完成しました。呼び出し方法は普通の関数と同じですので、さっそく呼び出してみましょう。

```
>>> func() ⏎
```

実行しても、何も起こりませんね。作成した関数funcは、変数iを用意して3を代入する仕事しかしないので、何の変化も見えないのは当然なのです。

もっとも簡単な関数の書き方： def 関数名():

STEP 3　データを返す関数を作る

これでは面白くないので、何かデータを返してくれる関数を作ってみましょう。

関数funcを改造して、内部で定義した変数iを戻り値として返すようにしてみます。これには、returnというキーワードを使います。returnは、直後に書かれたオブジェクトを関数の外に返す役割があります。図3は、returnを使った関数の書き方です。

▼ 図3　データを返す関数の書き方

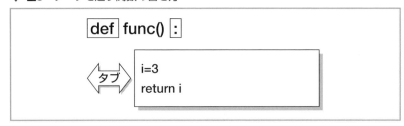

注意　関数を同じ名前でもう一度作成すると、先に作成した関数が新しい定義で上書きされます。ここでは、あえて新しい関数funcを再定義して上書きしています。

では、実際にインタラクティブシェルで関数を作成して、実行してみましょう。

```
>>> def func():
... 　TAB　i = 3
... 　TAB　return i
...
>>> func()    ← 作成した関数funcを実行
3
```

新しいfuncを呼び出すと、今度は3が戻ってきて、そのまま画面に出力されました。

なお、returnを使って関数の外にデータを返すと、その関数の役割はそこで終わり、その時点で関数が終了します。つまり、ブロック内でreturnより後の行にコードを書いても実行されませんので、注意してください。

関数の戻り値は、returnで返す

STEP 4　引数を持つ関数を作る

では次に、引数を取る関数の作り方を学んできましょう。

関数funcを改造し、数字を受け取って、それに3を足して返すようにしましょう。引数の指定方法は、関数を定義するときに書いた丸括弧の中に変数名を書くだけです。こうすると、その変数を関数の中だけで使えるようになります。ここでは引数の変数名を、一文字で「v」としておきましょう。図4は、引数のある関数の書き方です。

▼ 図4　引数を取る関数の書き方

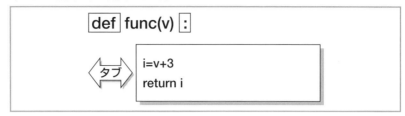

それでは、インタラクティブシェルで関数funcを再定義して、実行してみましょう。引数に5を入力すると、8が返ってくることになります。

```
>>> def func(v):
...     i = v + 3
...     return i
...
>>> func(5)    ← 作成した関数に引数5を指定して実行
8
```

引数を変えて何度か呼び出してみると、関数の仕組みがよくわかるでしょう。

ポイント：def 関数名(引数):とすると、引数を取る関数が書ける

STEP 5　モジュールを作る

● 便利なモジュール

Pythonには、さまざまな関数があらかじめ用意されていて、機能ごとにモジュールとしてまとめられていました。たとえば、randomモジュールに含まれているrandom()という関数は、0以上1未満の小数をランダムに返してくれます。また、randint()関数は整数の引数を2つ取り、それらの間の整数をランダムに返してくれます。これらの関数を使うには、次のようなコードを書きました。

```
>>> import random
>>> random.random()    ← random関数を実行
0.50753172513627531
>>> random.randint(1,10)    ← randint関数を実行
4
```

このように、モジュールがあると類似の機能にまとまりができ、さらにインタラクティブシェルやスクリプトファイルからいつでもimport文で呼び出せるよ

うになるので、非常に便利です。

では、モジュールはどうやったら作れるの？

● モジュールを作ってみよう

実は、モジュールを作るのはとても簡単です。というのも、モジュールの正体は、Pythonのスクリプトファイルそのものだからです。

実際に試してみましょう。先ほど作った関数を、テキストエディタを使って次のように入力し、ファイルに保存します。ファイル名はmy_module.pyとして、保存する場所はいつもの作業ディレクトリpyworksにします。

```
def func(v):
    i = v + 3
    return i
```

たったこれだけで、モジュールが完成しました。モジュールの名前は、保存したスクリプトファイルのファイル名から、拡張子.pyを除いたものです。import文で呼び出して確認してみましょう。

注意 ここでエラーになる場合は、my_module.pyを保存したディレクトリ（pyworks）からインタラクティブシェルを起動しているか確認しましょう。

```
>>> import my_module
>>> my_module.func(5)    ← my_moduleのfunc関数を実行
8
```

このように、Pythonのスクリプトファイルは、OSのシェルからプログラムとして実行するだけでなく、import文を使ってモジュールとして読み込むこともできるのです（図5）。

▼ 図5 スクリプトファイルをモジュールとして利用

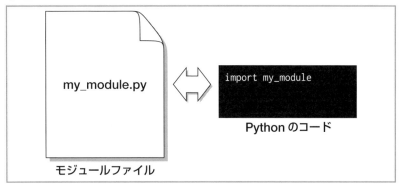

モジュールファイル

モジュールの実体はスクリプトファイル
モジュール名はファイル名から拡張子.pyを除いたもの

● モジュールの変更と更新

ところで、モジュールファイルをテキストエディタで変更した場合は、それをどのようにPythonに知らせれば良いでしょうか？ もう一度import文を実行すれば良いような気がしますが、実はそれではうまくいきません。一度読み込んだモジュールを読み込み直すには、importlibモジュールを使います。

まずは、my_module.pyをテキストエディタで次のように書き換えてみます。引数に3を足すのではなく、引数を3倍するコードに変更してみました。

```
def func(v):
    i = v * 3
    return i
```

注意 Python 2.x系では、組み込み関数reloadを使って、reload(my_module)と書きます。また、Python 3.3以前では、importlibの代わりにimpモジュールを使ってください。

インタラクティブシェルで書き換えたモジュールを、更新して、実行してみましょう。次のような2行のコードを実行します。

```
>>> import importlib
>>> importlib.reload(my_module)
<module 'my_module' from '/Users/taro/pyworks/my_module.py'>
>>> my_module.func(5)
15
```

同じ引数5を与えていますが、3倍されて15が返ってきました。モジュールが読み込み直されていることがわかります。

コラム モジュールファイルのさまざまな読み込み方法

モジュールの読み込み方にはいくつかの方法があります。まず、普通に読み込む場合は、次のようにします。

```
>>> import random
>>> random.randint(1,10)
8
```

random.randint関数は、1から10までの間の整数をランダムに返す関数です。

これまで、randomモジュールに含まれるこうした関数を呼び出す場合、いつも頭にrandomを付けていましたが、実はこれを省略する方法があります。モジュールを読み込むときに次のように書くだけです。

```
>>> from random import *
>>> randint(1,10)
1
```

その他にも、次のような読み込み方もできます。

```
>>> import random as r
>>> r.randint(1,10)
9
```

今度は、randomモジュールを、rという一文字の名前のモジュールとして読み込んでいます。

「from モジュール名 import *」というコードでモジュールを読み込むと、頭にモジュールの名前を付けずに関数を使うことができるので便利です。しかし、いろいろなモジュールをこの方法で読み込んでいると、モジュールの中に含まれる関数やデータ型の名前が重複してしまい、問題が発生する場合があります。「import random as r」とすれば、random.と入力しなければならないところを、r.だけで済ませることができ、しかも名前の衝突も防げるのです。

コラム　モジュールサーチパス

　ここでは、my_module.pyをインタラクティブシェルから読み込んで利用しましたが、ファイルの実体はインタラクティブシェルを実行したカレントディレクトリにありました。では、import randomなどとして読み込んで利用している、Pythonにはじめから用意されているモジュールファイルはどこにあるのでしょうか？

　randomモジュールに対応するモジュールファイルは、random.pyです。インタラクティブシェルやスクリプトファイルからPythonが実行されると、import文で指定されたモジュールに対応するモジュールファイルを、まずカレントディレクトリで探します。見つからない場合は、環境変数PYTHONPATHで指定されたディレクトリの中を探します。この環境変数が指定されていなかったり、指定されているディレクトリの中に目的のファイルが見つからなかったときは、Pythonの本体がインストールされている次のようなディレクトリを探します（Python 3.6の場合）。

補足 環境変数については、18ページのコラムを参照してください。

・**Windowsの場合**

　C:\Users\taro\AppData\Local\Programs\Python\Python36\Lib

・**macOSの場合**

　/Library/Frameworks/Python.framework/Versions/3.6/lib/python3.6

　Pythonをインストールしたディレクトリの違いやバージョンの違いで異なりますが、これらのディレクトリにrandom.pyファイルがあることを確認してみると良いかもしれません。テキストエディタで開けば、モジュールファイルの中を見ることもできます。Pythonに慣れてきたら、こうした標準モジュールのソースコードを読んでみることは、Pythonの上達のために非常に良いと思います。

関数を作る

関数の便利さを実感してみる

第7章で使ったturtleモジュールを利用して、実際に役立つ関数を作ってみます。面倒だった作業が一気に簡単になります。関数の便利さを実感してみましょう。

STEP 1　自分を中心にした円を描く

ここでは、第7章で学んだturtleモジュールを使って、亀を中心にした円を描く関数を作ってみます。引数で、円の大きさを調節できるようにもしてみましょう。

まずは、再び亀を用意します。turtleモジュールを読み込み、turtle.Turtle型のオブジェクトを作ります。第7章と同様に、形と大きさも変えておきましょう。

補足　もちろん、初期状態の形でも良いのですが、見た目も重要ですので…。

```
>>> import turtle
>>> kame = turtle.Turtle()
>>> kame.shape('turtle')
>>> kame.shapesize(2,2,3)
```

7-3で、自分を中心に円を描いたときのコードをもう一度思い出してみましょう。面倒ですので、これは打ち込んで試す必要はありません。

```
>>> kame.home()
>>> kame.clear()
>>> kame.penup()
>>> kame.forward(200)
>>> kame.left(90)
>>> kame.pendown()
>>> kame.circle(200)
>>> kame.penup()
>>> kame.home()
>>> kame.pendown()
```

補足　centerは中心で、circleは円です。変数や関数には、できるだけ簡潔で意味が通じる名前を付けましょう。

ここでは、この一連の動作を実行する関数を作ってみます。名前は、「center_circle」としましょう。

さて、打ち込むのが面倒な処理を関数にまとめるときは、関数のブロックにコードをまとめて押し込むだけで良いのでしょうか？試しにやってみましょう。

```
>>> def center_circle():
...     kame.penup()
...     kame.forward(200)
...     kame.left(90)
...     kame.pendown()
...     kame.circle(200)
...     kame.left(90)
...     kame.penup()
...     kame.forward(200)
...     kame.pendown()
...
>>>
```

これで関数center_circleができました。呼び出してみましょう。

```
>>> center_circle()
```

いかがでしょうか？ 図6のような半径200の円が描かれたでしょうか？

▼ 図6　半径200の円

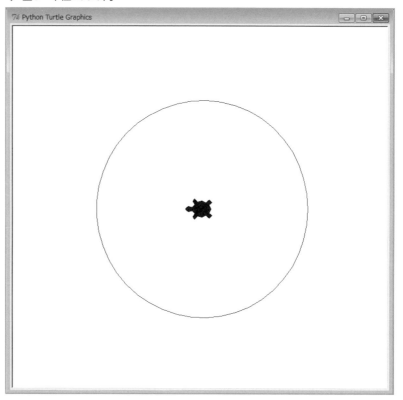

STEP 2　関数が使うオブジェクト

　これで、半径200の円を、関数center_circleを利用して描くことができました。これで完成した！　といいたいところですが、この関数には、ちょっとした難点があります。何が問題なのでしょうか？

関数center_circleは、これで完成しているのか？

　問題は、関数の中で変数kameを参照していることです。変数kameは関数の外で定義された変数ですが、center_circleはこれを勝手にブロック内で使っています（図7）。

▼ 図7　関数center_circleの問題点

　今は、kameという変数でturtle.Turtle型のインスタンスを参照できていますが、たとえば、kameではなくkame2などの新しい名前に変わった途端、関数center_circleは動作しなくなってしまうのです。これが、今作った関数の最大の問題点です。
　このような問題が起きないように、関数の中で使うオブジェクトは、関数の中で定義するか、引数で受け取るかのどちらかにします。勝手に関数の外のオブジェクトを参照するのは反則なのです。
　ここでは、引数でturtle.Turtle型のインスタンスを受け取るように改造しましょう。引数を受け取る変数の名前は、targetとでもしておきましょう。

補足　常にkameという変数名にすれば良いのでは？　と思われるかもしれません。しかし、その場合も、関数の中で使われている変数名がkameだと知っていなければなりません。関数は「中身がわからなくてもほしい結果が返ってくる」ところが最大の利点なのです。

```
>>> def center_circle(target):
...     target.penup()
...     target.forward(200)
...     target.left(90)
...     target.pendown()
...     target.circle(200)
...     target.left(90)
...     target.penup()
...     target.forward(200)
...     target.pendown()
...
>>>
```

これで、正しい関数が完成しました。

円を描くために実際に動いてくれるのは「kame」ですので、これを関数center_circleに引数として渡します。関数を実行してみましょう。

```
>>> kame.home()
>>> kame.clear()
>>> center_circle(kame)
```

動作は先ほど作った関数と同じですが、こちらが正しい作り方です。

関数の中で使う変数は、関数の内部で定義したものか、引数で受け取ったものだけにする

関数の内と外

インタラクティブシェルで次のようなコードを実行してみます。

```
>>> i = 3
>>> def func():
...     print(i)
...
>>> func()
3
```

関数によって、変数iの内容3が表示されました。

では、これはどうでしょう?

```
>>> i = 3
>>> def func():
...     i = 5
...     print(i)
...
>>> func()          ← 関数の中のi (=5)
5
>>> print(i)        ← インタラクティブシェルでのi (=3)
3
```

　同じ名前の変数iでも、関数の内と外では別物です。この例からわかるように、関数の中で定義されたiはインタラクティブシェルからは見えません（231ページのコラム参照）。混乱を避けるために、関数の中で使う変数は、引数で受け取るか、関数の中で定義したものだけにしましょう。

STEP 3　関数をモジュールファイルにする

　関数の定義のような長いコードを入力する場合、インタラクティブシェルでは入力も面倒ですし、保存もできないので不便です。これから関数をいろいろと改良していきますので、ファイルとして保存して、モジュールとして利用できるようにしましょう。

　先ほど定義した関数center_circleを次のようにエディタに入力し、kame_tools.pyというファイル名を付けて作業ディレクトリであるpyworksに保存します。エディタでも、関数の中はタブで字下げして書くことを忘れないようにしましょう。

```
def center_circle(target):
    target.penup()
    target.forward(200)
    target.left(90)
    target.pendown()
    target.circle(200)
    target.left(90)
    target.penup()
    target.forward(200)
    target.pendown()
```

kame_tools.pyを保存したpyworksディレクトリからインタラクティブシェルを起動して、kame_tools.pyをimport文を使って読み込んでみましょう。

```
>>> import kame_tools
```

インタラクティブシェルに何も表示されなければ、正常に読み込めています。関数center_circleを使うには、モジュール名に続けてドットを入力し、続けて関数の名前を入力します。結果がわかるように、一度キャンバスを片付けてから実行しましょう。

```
>>> kame.clear()
>>> kame_tools.center_circle(kame)
```

先ほどと同じ、半径200の円が描けました。

STEP 4　半径を引数で受け取る

亀を中心とする円を描く関数が完成しました。次に、関数の便利さを体験するため、2つ目の引数で半径を変更できるように改造しましょう。これまで関数を使ってきた経験を思い出すと、複数の引数を扱うときは、引数をカンマで区切るのでした。2つ目の引数rを受け取って、関数を呼び出すときに半径を指定できるようにします。次のソースコードが、kame_tools.pyの改造版です。

```
def center_circle(target,r):
    target.penup()
    target.forward(r)
    target.left(90)
    target.pendown()
    target.circle(r)
    target.left(90)
    target.penup()
    target.forward(r)
    target.pendown()
```

引数を1つ増やして、200と直接書かれていたところが、rに変更されています。

新しくなったcenter_circle関数を呼び出すときは、2つ目の引数で円の半径を指定する必要があります。たとえば、半径100の円を描くには次のような

コードを実行します。関数を実行する前に、モジュールファイルを読み込み直すのを忘れないようにしましょう。

注意 必要に応じて、importlibをimportしてください。また、Python 2.x系では、組み込み関数reloadを、Python 3.3以前では、importlibの代わりにimpモジュールを使ってください。

```
>>> importlib.reload(kame_tools)  ← モジュールkame_toolsを読み込み直す
<module 'kame_tools' from '/Users/taro/pyworks/kame_tools.py'>
>>> kame_tools.center_circle(kame,100)
```

これで、亀を中心とする半径が100の円がキャンバスに追加されました（図8）。

▼ 図8 半径を100とした円を追加

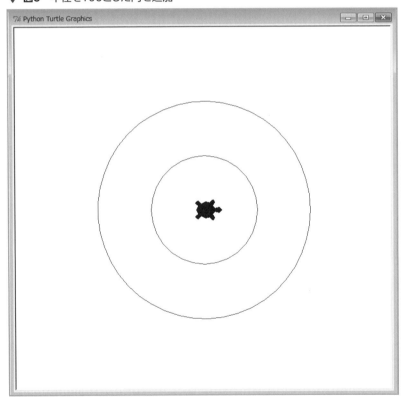

STEP 5 引数のデフォルト値を決める

引数で半径を変更できるようになったのは良いのですが、これからは関数を実行する度に半径を毎回指定する必要があります。円の半径を省略したとき、決められた値で円を作ってくれる仕組みになっているほうが便利ですね。

関数は、この仕組みを簡単に実現できます。引数にデフォルト値（初期値）を設定することができるのです。引数rに何も指定しないときは半径150の円を描くように変更したソースコードは次のようになります。

補足 通常、関数でデフォルトの引数を設定するときは、もっとも良く使う値をあらかじめ設定しておくと便利です。

```
def center_circle(target,r=150):
    target.penup()
    target.forward(r)
    target.left(90)
    target.pendown()
    target.circle(r)
    target.left(90)
    target.penup()
    target.forward(r)
    target.pendown()
```

変更したのは、関数を定義する最初の1行目だけです。2つ目の引数がr=150となっています。では、引数rを与えずに修正後の関数を呼び出してみましょう。

```
>>> importlib.reload(kame_tools)
<module 'kame_tools' from '/Users/taro/pyworks/kame_tools.py'>
>>> kame_tools.center_circle(kame)
```

半径150の円がキャンバスに追加されました（図9）。引数のデフォルト値は、引数を定義するときに=を使って指定します。=で指定された値は、引数に値が与えられなかったときに、デフォルト値として利用されます。

▼ **図9** 半径150の円が追加される

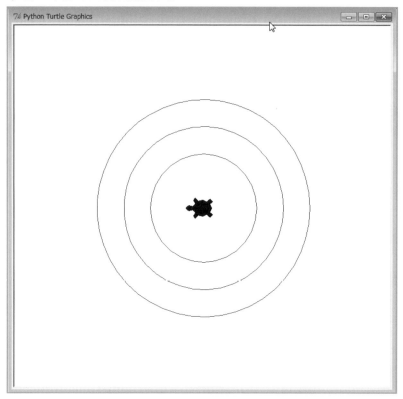

　もちろん、これまで通り引数を与えることも可能です。引数を指定すると、150というデフォルト値が上書きされます。引数に50を指定してみましょう。

```
>>> kame_tools.center_circle(kame,50)
```

　これまでで一番小さな円が追加されました。デフォルト値の150ではなく、指定された半径50の円が描かれていることがわかります。

関数の引数には、デフォルトの値を設定できる

関数を作る

さらに関数を知る

関数を自由に作れるようになったところで、実は「関数も普通のデータ型と同じように扱うことができる」という事実を、実際のコードを紹介しながら解説していきます。

STEP 1　関数を変数に代入する

　Pythonを学んできた皆さんにはすでに当たり前になったコードを、もう一度復習してみましょう。

```
>>> i = 3
>>> i
3
```

　1行目では、3という整数型のデータに、iという名前（変数）を付けています。"変数iに3を代入している"と言い換えることもできます。実は、関数もこれとまったく同じことができるのです。

　長さを測るlenという関数がありました。引数にリストや文字列を指定すると、長さを戻り値として返してくれます。

```
>>> len('python')
6
```

補足　「長さ」は、英語では「length」です。

　ここで、len関数をlengthという名前にしてみましょう。次のようなコードを書きます。

```
>>> length = len
```

　このコードでは、len関数にlengthという名前（変数）を付けています。こうすることで、lengthという変数を使って、len関数の機能を実行できるようになります。

```
>>> length('python')
6
```

iという変数で3という整数型データを参照するのも、lengthという変数でlen関数の実体を参照するのも、実は同じことです（図10）。つまり、関数は普通のデータ型と同じものだと考えることができるのです。

▼ 図10　まったく同じこと

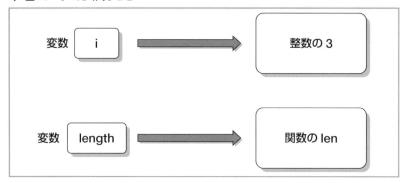

STEP 2　関数を引数に取る

関数が普通のデータ型と同じように扱えるということは、関数の引数にもできるということです。実際に試してみましょう。

組み込み関数strは、引数を文字列に変換してくれる関数でした。実行すると、こんな感じになります。

```
>>> str(3)
'3'
```

整数型の3が文字列型の'3'に変換されました。

ここで、新しい組み込み関数mapを使います。mapは引数を2つ取ります。1つ目の引数は関数で、2つ目の引数はリストです。mapの役割は、引数に取ったリストの全要素に関数を適用した結果を返すことです。図11に、map関数のはたらきをまとめました。

▼ 図11　map関数のはたらき

では、map関数を実際に試してみましょう。1から3までの整数を要素にした

リストを、str関数を使って、文字列のリストに変換してみます。結果をmで受け取っておきましょう。

```
>>> m = map(str, [1,2,3])
```

mには、どんな結果が格納されているのでしょうか？ オブジェクトの種類を調べることができる、type関数を使ってみます。

補足 Python 2.x系では、listになります。

```
>>> type(m)
<class 'map'>
```

補足 このようなプログラミング言語の仕組みを、遅延評価（lazy evaluation）といったりもします。lazyは「怠惰な」「なまけた」という意味ですね。ここでは要素が3つのリストですが、このような仕組みは、たくさんの要素を持つ大きなデータを扱うときに特に効果があります。

map関数の結果は、map型のデータでした。このデータは、最初に受け取ったリストの全要素にstr関数を適用した結果を保存しています。ただ、必要とされるまでは、実際の計算を実行するのをサボっているのです。そこで、組み込み関数listを使って、map型のデータをリストに変換してみましょう。

```
>>> list(m)
['1', '2', '3']
```

リストのすべての要素にstr関数が適用され、文字列になっていることがわかります。

以上のコードをまとめて1行で書くと、こんな感じになります。

```
>>> list(map(str, [1,2,3]))
['1', '2', '3']
```

このように、関数も、関数の引数として利用することができます。つまり、関数も、数値や文字列、datetime型のデータと同じ「オブジェクト」だと考えることができるのです。

関数もオブジェクトの一種。普通のデータ型と同じように扱うことができる

コラム　マルチパラダイム言語としてのPython

　データと関数（メソッド）をひとまとまりのオブジェクトとして扱うオブジェクト指向は、現代のプログラミング言語の中心的な考え方です。もちろん、オブジェクト指向以外の考え方もあり、最近注目を集めているものに、関数型言語があります。関数型言語はその名の通り、プログラミングの中心に関数があります。ここで説明した、関数を数値や文字列と同じように扱う考え方も、関数型言語の特徴の1つです。実際には関数型言語にもいろいろな種類があり、それぞれ特徴がありますが、Pythonはオブジェクト指向言語でありながらも、関数型言語の考え方を取り入れているのです。このように、いくつもの考え方を柔軟に取り入れている言語を、マルチパラダイム言語と呼びます。関数の扱い方を見るだけでも、Pythonの奥深さを感じ取ることができるわけです。

まとめ

- 関数を定義するには、defキーワードを使います。
- 関数からデータを戻すには、returnキーワードを使います。
- 関数にデータを渡すには、引数を使います。
- 関数の引数にはデフォルト値を指定できます。
- 関数の中で使う変数は、引数で指定するか、関数の中で定義します。
- 関数もオブジェクトです。普通のデータ型と同じように扱えます。

練習問題

1. 関数を定義するには、　①　キーワードを使います。
2. 関数からデータを戻すには　①　キーワードを使います。
3. 次の関数を実行すると、戻り値は何でしょうか？

```
>>> def func(i,j=5):
...     return i + j
...
>>> func(5)
```

4. max関数はリストの要素の最大値を計算し、min関数はリストの要素の最小値を計算します。これらの関数を引数に取るオリジナルの関数を作ってみましょう。

第9章

新しいデータ型を作る

新しいデータ型を作るにはいろいろな知識を必要としますが、プログラミングの醍醐味でもあります。この技術が習得できれば、それこそどんなモノでもソフトウェアの上で実現できるようになるのです。

9-1 この章で学ぶこと

新しいデータ型を作る

この章では、全く新しいデータ型を作る方法を学びます。第8章の関数と同じように、既製のものを使うだけだったデータ型を、自分で作れるようになるための知識を身に付けましょう。

POINT 1　ちょっとデータ型を復習

これまで、さまざまなデータ型を使ってきました。ここでは日付を扱うためのdate型を例に、データ型というものを見直してみましょう。データ型は、シンプルなデータと関数の集まりであることが実感できるはずです。

POINT 2　サイコロ型を作ろう

新しいデータ型を作るための書式を学びます。例があったほうがわかりやすいので、サイコロを表現するデータ型を作成してみましょう。ここで、**クラス**という新しい概念が出てきます。

POINT 3　メソッドを追加しよう

これまで、いろいろなデータ型のメソッドを利用してきましたので、メソッドの使い方には慣れてきていると思います。また、前章では、独自の関数を作る方法も学びました。ここでは、新しく作ったデータ型に、自分で作ったメソッドを追加する方法を紹介します。ちょっと不思議な引数が出てきますが、その役割についても詳しく解説します。

普通のメソッドを作れるようになった後、初期化メソッドの仕組みについても学んでいきます。

POINT 4　サイコロ型の拡張

　サイコロは六面体だけではありません。たくさんの面を持つサイコロも表現できるように、サイコロ型を拡張してみます。新しいデータ型を作るための基本を使って、少し応用的な内容に挑戦してみましょう。最後に、簡単なサイコロゲームも作ってみます。

POINT 5　クラスをもとにクラスを作る

　新しいデータ型は、すでにあるデータ型をもとに作ることもできます。これを、継承と呼びます。継承を使うと、すでにあるデータ型の機能を丸ごと受け継いで、追加機能だけを開発すれば良いので、大幅な労力の削減になります。これは、オブジェクト指向言語の大きな特徴の1つです。この章の最後に、turtle.Turtle型を継承した新しいデータ型を作ってみましょう。難しくはないですが、初期化メソッドの呼び出し方に少し注意が必要です。

9-2 データ型の復習

新しいデータ型を作る

これからデータ型の作り方を学ぶ前に、そもそもデータ型としてまとめられているモノとは何なのか、日付を表現するデータ型であるdate型を例に復習してみましょう。

STEP 1　いろいろなデータ型

これまでPythonを使ったプログラミングを学んできましたが、その中でいろいろなデータ型を使ってきました。少し思い出してみましょう（図1）。

▼ 図1　いろいろなデータ型がある

文字列型は、文字をうまく扱えるように設計されていますし、整数型のデータを使うと、足し算や引き算ができます。Turtle型は少し特殊ですが、Pythonで画を描くにはとても便利なデータ型でした。

STEP 2　データ型の種類

データの型は、組み込みのデータ型と通常のデータ型の2種類に大きく分けられます。組み込み型は、文字列型や整数型、リスト型など、非常に良く使われる基本的なデータ型です。組み込みのデータ型は、次のように、書き方の違いでPythonに型の違いを伝えることができました。たとえばこんな感じです。

```
>>> value_str = '12.0'
>>> value_float = 12.0
```

こう記入すると、value_strは、文字列型を参照する変数になり、value_

floatは小数型を参照する変数になります。

　これに対して、組み込み型以外のデータ型は、最初に初期化メソッドを呼び出す必要がありました。初期化メソッドは、そのデータ型の名前がそのまま使われるメソッドで、引数には多くの場合、組み込みデータ型のような、より基本的なオブジェクトが与えられます。

　たとえば、日本でテレビの地上波放送がデジタル放送へ一部の地域を除いて移行した日を、datetime.date型のデータで表現してみましょう。

注意 datetimeモジュールをimportするのを忘れないようにしましょう。

```
>>> import datetime
>>> tv_digital = datetime.date(2011,7,24)
>>> print(tv_digital)
2011-07-24
```

　2行目で、組み込み型である3つの整数(年、月、日)を引数にして、datetime.date型の初期化メソッドを呼び出しているのがわかります。

　これから新しく作るデータ型も、このdatetime.date型のように、初期化メソッドを呼び出して、最初のデータを用意する形にしましょう。

STEP 3　データ型は何からできているの?

　datetime.date型は、初期化メソッドが呼ばれたときの3つの引数を、それぞれ次のような独自の変数で呼び出すことができます。これらの変数を、データ属性(データアトリビュート)と呼びました。

補足 データ属性は、単純に「属性」または「アトリビュート」と呼ばれることもあります。

```
>>> tv_digital.year
2011
>>> tv_digital.month
7
>>> tv_digital.day
24
```

　この実行結果から、tv_digitalは、3つの整数の値(年、月、日)を持っていることがわかります。

　データ属性の他に、データ型は独自の関数を持っています。これをメソッドと呼びました。datetime.date型にもいろいろなメソッドがあります。たとえば、その日が何曜日かを計算してくれる、weekday()メソッドを呼び出してみましょう。

```
>>> tv_digital.weekday()
6
```

補足 ある日が何曜日なのかを自力で計算するのは、うるう年などを考慮に入れる必要があり、結構面倒です。date型を使えば、日付を指定するだけで曜日の計算をやってもらえるというのがポイントです。

このメソッドは、月曜日を0、日曜日を6として、曜日を整数で返します。この結果から、日本でテレビ地上波放送がデジタルに移行した日は日曜日だとわかります。

こうしてみると、型を持ったデータというモノは、データを保持する変数（アトリビュート）と、関数（メソッド）が集まってできている、ということが実感できます(図2)。

▼ 図2　date型の解剖図

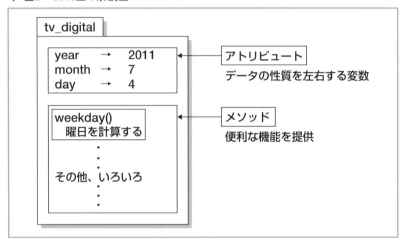

datetime.date型のアトリビュートは年月日を整数で保持していますので、表現する日付が変われば、これらの整数の値が変わります。このアトリビュートをもとに、曜日を算出するなどの便利な機能を提供してくれるのが、メソッドというわけなのです。

データ型は、データ属性とメソッドの集まりで、より便利な機能を提供するための仕組み

新しいデータ型を作る

9-3 新しいデータ型を作る

それでは、新しいデータ型を作るための基本的な書式を学びましょう。具体例があったほうがわかりやすいので、ここではサイコロをモデルにしたデータ型を作ってみます。

STEP 1　なぜ新しいデータ型を作るのか？

補足　日付といった実際の概念をモデル化し、ソフトウェアで表現することが新しいデータ型を作ることの本質ですが、すぐにはできるようになりません。試行錯誤を繰り返して、技術を身に付けていきましょう。

　この節では、新しいデータ型を作るための書き方を学びますが、最初に少しだけ、なぜ新しいデータ型を作るのか考えてみましょう。

　日付を表現するためのデータ型は、年月日を表現する3つの整数型と曜日の計算などいくつかの便利なメソッドが集まってできていました。これは、単純に整数を3つ並べてリストにしたものとは、全く違います。「日付」という概念をうまく表現し、実際に必要となりそうな便利なメソッドがいくつも追加されているのが、datetime.date型です。

　このように、モノの仕組みや動きをソフトウェアの中で実現しようとしたとき、新しいデータ型を用意するととても便利なのです。ここでは、サイコロをモデルにした新しいデータ型を作りながら、学習を進めていきましょう。

 プログラムでモノを作るとき、新しいデータ型を作ると便利！

STEP 2　データ型の設計図：クラス

　まずはサイコロをモデルにして作るデータ型の名前を決めます。サイコロは英語でdice（ダイス）なので、そのままこの単語を使います。Pythonでは、新しく作成したデータ型の名前は大文字ではじめる習慣がありますので、データ型を「Dice」としておきましょう。

　新しいデータ型を作成するには、**class（クラス）**というキーワードを使います。まず、何の機能も持たない、名前だけのDice型を作成してみましょう。図3を参考にしながら、インタラクティブシェルで次のように入力します。

```
>>> class Dice:
...     TAB pass
... 
>>>
```

▼ 図3　新しいデータ型を作るためのもっともシンプルなコード

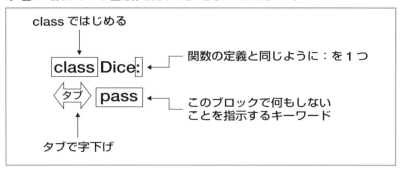

　2行目に出てくる「pass」は、：（コロン）の後の何か書かなければならないブロックで、何もしないことを指示するためのキーワードです。これだけで、何もしないデータ型Diceができました。試しに、通常のデータ型と同じように、Dice型のインスタンスを作ってみましょう。たったこれだけのコードで、引数のない初期化メソッドを呼び出せるようになります。

補足　データ型の実体をインスタンスと呼びます。

```
>>> sai = Dice()
```

　エラーが起きなければ、新しいDice型が用意され、変数saiに割り当てられたことになります。

STEP 3　もう少しサイコロらしく

　新しいデータ型を作るための書き方はわかりました。次は、名前だけではなく機能的にもサイコロらしいデータ型を目指していきましょう。
　ご存じのようにサイコロは、転がして1から6の数字からランダムに1つ決めるのに使うモノです。サイコロの性質と機能を書き出すと、図4のようになります。

注意　新しいデータ型は、まずアトリビュート（属性）によって性質を決め、メソッドによって機能を作り込んでいく、という流れで作ります。

▼ 図4　サイコロってなんだろう？

| 性質 | 6つの面とそこに刻印された数字 |
| 機能 | 転がして数字を1つ決められる |

データ型は、よりシンプルなデータ属性（アトリビュート）と関数（メソッド）の集まりでした。どのようなアトリビュートとメソッドがあるのかを決める仕組み（設計図）が、クラスという概念なのです。

> クラスはデータ型の設計図
> 新しいデータ型はclassキーワードで作る

STEP 4　データ属性の追加

補足　「面（めん）」は英語でfaceなので、これに数字を意味するnumberを短くしたものをくっつけました。

注意　関数のときと同じように、インタラクティブシェルで同じ名前の型を定義すると、先に定義した型が上書きされます。

まず、Dice型にサイコロの面の数を表現するデータ属性を追加しましょう。名前は、face_numとしておきます。先ほど、passとだけ書いていたところで、データ属性face_numに実際の値である6を代入するコードを書いています。

```
>>> class Dice:
...     face_num = 6
...
>>>
```

では、新しくDice型のインスタンスを用意して、データ属性を持っているかを確認してみましょう。

```
>>> sai = Dice()
>>> sai.face_num
6
```

Dice型に、新しいデータ属性であるface_numが追加され、6が格納されていることがわかります。

STEP 5　関数とメソッドの違い

次は、Dice型にメソッドを追加することを考えてみましょう。

サイコロは、転がすと1から6までのどれかの目が出ます。Dice型が、これと同じ機能を持つようにメソッドを追加します。まず、メソッドの名前を決めましょう。「サイコロを振る」は、英語で「shoot a dice」なので、名前はshootにします。

メソッドを作る前に、1から6までの数字をランダムに返す関数を考えてみましょう。これまでも何度か利用してきたrandom.randintを使えば、次のようなオリジナルの関数を作ることができます。

注意 randomモジュールをimportするのを忘れないようにしましょう。

```
>>> import random
>>> 
>>> def shoot():
...     return random.randint(1,6)
... 
>>> 
```

関数shootを何度か実行してみましょう。1から6までの数字がランダムに返ってくるのがわかります。

```
>>> shoot()
3
>>> shoot()
6
>>> 
```

さて、これをDice型のメソッドにするには、どうしたら良いのでしょうか?
このまま、データ型の設計図であるクラスの中に、shoot関数を書けば良いような気がします。試しに書いてみましょう。

注意 このコードは失敗することがわかっているので、入力して試してみる必要はありません。

```
>>> class Dice:
...     face_num = 6
...     def shoot():
...         return random.randint(1,6)
... 
>>> sai = Dice()
>>> sai.shoot()
Traceback (most recent call last):
  File "<stdin>", line 1, in <module>
TypeError: shoot() takes 0 positional arguments but 1 was given
```

実行したところ、失敗してしまいました。Dice型のインスタンスは作れますが、shootメソッドを呼び出すと、エラーになってしまいます。

ぎもん

クラスの中に関数をそのまま追加すると、なぜメソッドとして機能しないのか?

STEP 6　メソッドの第一引数 self

補足 エラーには、shoot()は引数を取らないのに、1つ引数が与えられている、と書かれています。

　このように、関数としては正常なコードをそのままデータ型に追加しても、メソッドとしては機能しません。エラーの内容を良く見ると、解決へのヒントが隠されていますので、ここでその種明かしをしましょう。

　実は、メソッドを定義するときは、常に引数を1つ書かなければなりません。これは、「**self**」という名前にするのが習慣です。引数selfは、機能的には引数が不要なshootにも必要なのです。引数selfを追加して、次のようにコードを書き直すと、正常に動作するshootメソッドが完成します。図5を参考にしながら、インタラクティブシェルで試してみてください。

▼ 図5　メソッドの書き方

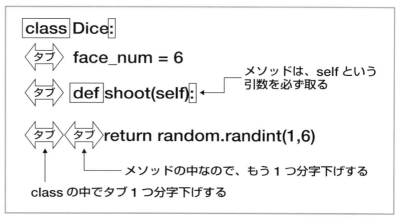

```
>>> class Dice:
...     face_num = 6
...     def shoot(self):
...         return random.randint(1,6)
...
>>> sai = Dice()
>>> sai.shoot()
5
```

　引数selfは、メソッドを呼び出したときにPythonの内部で自動的に受け渡しされます。これには重要な意味がありますが、それはもう少し後で説明します。

ポイント　メソッドには、最初の引数として「self」が必要

Python上のサイコロには、実際のサイコロのような形はありませんが、機能は同じです。新しいデータ型を作るということは、「モノの機能」をプログラミングで実現するということと同じだと実感できたでしょうか？（図6）。

▼図6　実際のサイコロとPython上のサイコロ

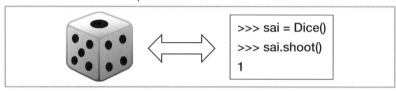

STEP 7　モジュールファイルにしておく

これから、Dice型を定義するコードにいろいろと変更を加える予定ですので、Dice型をモジュールファイルにしておきましょう。

エディタを起動してここまでに作ってきたコードを入力し、ファイル名をdice.pyとして、いつものようにpyworksディレクトリに保存します。Dice型のソースコードは次のようになります。

```
import random

class Dice:
    face_num = 6
    def shoot(self):
        return random.randint(1,6)
```

注意　次のコードでエラーが出る場合は、インタラクティブシェルをpyworksディレクトリから起動しているかを確認しましょう。また、ソースコードに間違いがないかも確認しましょう。

この手順は、自作の関数をモジュールファイルに保存したときと同じです。このようにしておけば、Pythonにあらかじめ用意されているdatetime型などと同じように、import文でモジュールを読み込んで、Dice型を使うことができるようになります。ファイルの名前から.pyを取り除いた文字列diceがモジュールファイルの名前になりますので、実際に使うときは次のように実行します。

```
>>> import dice
>>> sai = dice.Dice()
>>> sai.shoot()
2
```

なお、これから先dice.pyに変更を加えた後は、importlibをインポートした後に、importlib.reload(dice)で、モジュールを読み込み直してください。

9-4 もっとクラスを知る

新しいデータ型を作る

新しいデータ型を作ることができるようになりましたが、もう少しデータ型の設計図であるクラスについて知る必要があります。ここでは、メソッドの第一引数 self と初期化メソッドについて学びます。

STEP 1　引数 self の役割

もう一度、Dice型を作るために書いたコードを見直してみましょう。

```
import random

class Dice:
    face_num = 6
    def shoot(self):
        return random.randint(1,6)
```

　Dice型は、普通のサイコロをイメージして作ったデータ型ですので、属性にface_numを持っていて、6を格納しています。しかし、よくよく見るとこのface_numを全く使っていないことに気が付きます。メソッドshootは1から6までの数字を選んで返しますので、せっかくですからface_numを使って計算するようにしましょう。
　さて、コードをどのように改変したら良いでしょうか? dice.pyを次のリストのように変更すれば良いような気がします。

```
import random

class Dice:
    face_num = 6
    def shoot(self):
        return random.randint(1,face_num)
```
6の代わりに属性face_numを指定

　変更したモジュールを読み込み直してから、実行してみましょう。実は、これもうまく動きません。次のようなエラーが発生します。

[注意] importlibのインポートし忘れに注意しましょう（201ページ参照）。

```
>>> importlib.reload(dice)
<module 'dice' from '/Users/taro/pyworks/dice.py'>
>>> sai = dice.Dice()
>>> sai.shoot()
Traceback (most recent call last):
  File "<stdin>", line 1, in <module>
  File "/Users/taro/pyworks/dice.py", line 6, in shoot
    return random.randint(1, face_num)
NameError: name 'face_num' is not defined
```

エラーメッセージを見ると、face_numという名前の変数が定義されていません、といっているようです。

すぐ隣にface_num = 6と書いてあるので動くような気もしますが、実はメソッドの内部からは、クラス内部の変数を見ることはできません。

[補足] 詳しい仕組みは、次ページのコラムを参照してください。

[補足] selfは、英語で「自分自身の」を意味します。「セルフサービス」のセルフと覚えましょう。

そこで登場するのが、引数selfです。その名の通り、selfは「自分自身」を参照する変数です。

図7を見てみましょう。自分自身をselfで参照することに決めておけば、sai.shoot()というコードが実行されたとき、Python内部で自動的にsaiという名前が付いたインスタンスをselfという名前にして、shootメソッドに渡してくれます。

[補足] 自分自身を表す変数をselfとして引数にとって、自分が持っているものすべてにアクセスできるようにする仕組みです。

▼ 図7　selfの役割

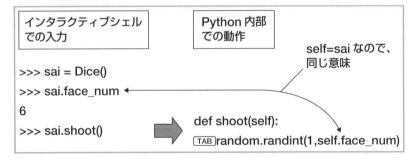

もう答えが出てしまいましたね。正しいソースコードは、次のようになります。

```
import random

class Dice:
    face_num = 6
    def shoot(self):
        return random.randint(1,self.face_num)
```

ドット（.）は、「〜の」という意味でした。selfを引数に取れば、もとになった

データ型が持つすべてのデータ属性にアクセスできて便利です。なお、selfは、メソッドを定義するときには書く必要がありますが、呼び出すときには書く必要がないことに注意しましょう。

selfは、データ型が自分自身を参照するために必要

コラム スコープと名前空間

　8章で関数を作ったときは関数の外の変数が見えたのに、なぜここではすぐ隣にあるface_numが見えないのか、不思議に思った方もいるかもしれません。

　実は、変数は定義した場所によって、どの範囲（空間）から参照できるかが決まっています。この範囲のことを、「スコープ」（scope）と呼びます。スコープにはいくつか種類があります。

　まず、ビルトインスコープです。ビルトインスコープは、組み込み関数などが所属しているスコープで、どこからでも自由に参照できます。これはその名の通り、組み込まれたスコープなので、あまり意識する必要はありません。

　この他に、モジュールスコープとローカルスコープがあります。新しいモジュールを作ると、それに対応したモジュールスコープができ、関数やメソッドを作ると、新しいローカルスコープができます。

　インタラクティブシェルからコードを実行している場合は、大きなモジュールスコープ（これをグローバルスコープという場合もあります）にいるのと同じです。重要なことは、今いる場所から見えるのは、自分自身が所属しているモジュールスコープと、ローカルスコープだけだということです。

　新しいモジュールを読み込んでメソッドを呼び出すとき、頭にモジュールの名前を付けていたことを思い出してください。たとえばこんな感じです。

```
>>> import random
>>> random.randint(1,10)
7
```

　このように、自分が所属していない別のモジュールスコープの変数を参照するには、randomという「名前」を含めて書く必要があります。これが「名前空間」です。

　新たにクラスを定義すると、そこに所属する属性は、そのクラスの名前空

間に入ります。これが、shootメソッドのすぐ上で定義されたface_numを参照できない理由です。本文では「self.face_num」と書きましたが、実は「Dice.face_num」と書いても参照できます。これらの違いは、この後の節で解説します。

STEP 2　初期化メソッドの正体

　組み込みデータ型以外のデータ型を持ったインスタンスを用意するときは、初期化メソッドを呼び出す必要がありました。作成したDice型も組み込みデータ型ではありませんので、次のように書いてきました。

```
>>> sai = dice.Dice()
```

　これは、引数のない初期化メソッドを呼び出しているコードです。このように、キーワードclassを使って新しいデータ型を作ると、Pythonが引数のない初期化メソッドを自動的に用意してくれます。
　では、この初期化メソッドの動きを変更したいときは、どうすれば良いのでしょうか？　初期化メソッドはデータ型と同じ名前ですので、単にDiceというメソッドを追加すれば良いように思いますが、実はそうではありません。初期化メソッドの本当の名前は、__init__というちょっと変わった名前なのです。

補足　英語で初期化を意味する単語が、initializeなので、initはその省略形です。

ポイント　　初期化メソッドの実体は、__init__メソッド

　まずは実際に試してみましょう。初期化メソッド__init__が呼ばれたとき、画面に文字を表示するコードを書いてみます。初期化メソッドもメソッドなので、最初の引数にselfを書く必要があります。変更したdice.pyファイルの中身は次の通りです。

```
import random

class Dice:
    face_num = 6
    def __init__(self):        ← 初期化メソッドの呼び出し。他のメソッド同様selfが必要
        print('Hello!!')       ← 呼び出されたら挨拶メッセージを表示する

    def shoot(self):
        return random.randint(1,self.face_num)
```

　モジュールファイルを上書き保存したら、インタラクティブシェルでdiceモジュールを読み込み直します。これまでと同じように、引数のない初期化メソッドを呼び出してみましょう。

```
>>> importlib.reload(dice)
<module 'dice' from '/Users/taro/pyworks/dice.py'>
>>> sai = dice.Dice()
Hello!!
>>> sai.shoot()
3
```

　画面にHello!という挨拶が表示されました。新たに追加した初期化メソッドが呼ばれたことがわかります。
　これで、初期化メソッド__init__を自由に変更できるようになりました。この知識を使って、Dice型を六面体以外のサイコロに対応させる拡張を施しましょう。

STEP 3　正多面体と面の数

　普通、私たちがサイコロと言われて思い浮かべるのは、6つの正方形を貼り合わせて作った、「正六面体」と言われる立体です。普通のサイコロの面は正方形ですが、これはすべての辺の長さが同じ特殊な四角形です。このような、すべての辺の長さが同じ図形を、「正多角形」と言います。たとえば、すべての辺の長さが同じ三角形は正三角形と呼びますが、これらを貼り合わせて立体を作ることはできるでしょうか？（図8）

▼ 図8　正多面体と面の数

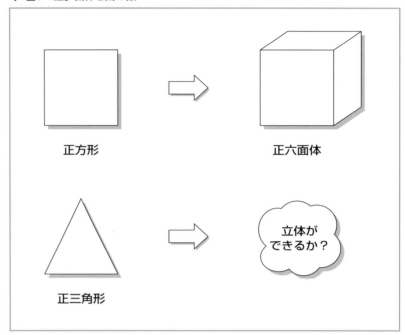

　少し考えるとイメージできると思いますが、4つの正三角形を貼り合わせると「正四面体」を作ることができます。このように、すべての面が同じ正多角形で構成されている立体を、「正多面体」と呼びます。同じように、いろいろな正多角形を使えばさまざまな正多面体が作れるように思えますが、実は、正四面体、正六面体、正八面体、正十二面体、正二十面体の5つしか存在しないことが知られています（図9）。

補足　厳密には、すべての頂点で接する面の数が等しいという条件も、正多面体の性質です。

▼ 図9　5つの正多面体

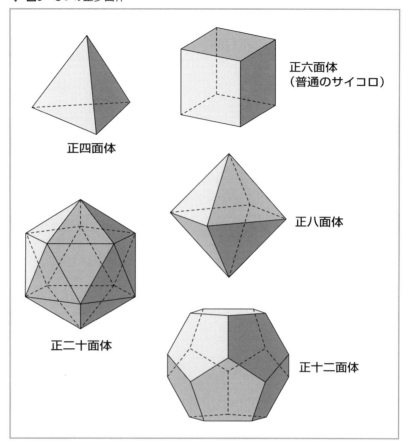

　実際に、これら5種類の正多面体の形をしたサイコロも売られています。ソフトウェアで作るサイコロはアイディア1つで自由に改造できますので、私たちのDice型もこうした多様な形に対応することにしましょう。

STEP 4　Dice 型を改造する

　Dice型で多様な形のサイコロを実現できるように、初期化メソッドを呼び出したとき、引数で4、6、8、12、20のどれかの整数を指定して、サイコロの形を決められるようにしましょう。具体的には、図10のようなイメージになります。

▼ 図10　初期化メソッドの引数で形を変えるDice型

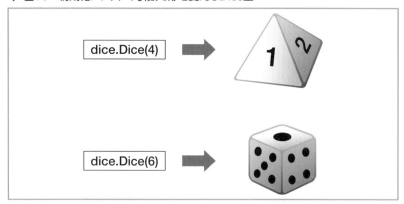

　メソッドは、selfという第1引数以外は関数と同じですから、2つ目の引数で面の数を受け取るように改造し、それをface_numに代入すれば良いだけです。次のリストに、5種類の正多面体型サイコロに変身できるDice型のコードを示します。

補足 ▶ 初期化メソッドが面の数を受け取る引数は、valとしています。もちろん、違う名前でも構いません。

```
import random

class Dice:
    def __init__(self,val):          # 初期化メソッドの定義で引数valを受け取る
        self.face_num = val          # 引数valの値をface_numに代入

    def shoot(self):
        return random.randint(1,self.face_num)   # 1からface_numまでのランダムな数字を返す
```

　たとえば、次のように引数に4を指定して実行すると、1から4までの数字を返す四面体のサイコロができます。何度かshootを実行すると、4より大きな数字が出ないことを確認できます。また、直接face_numの値を出力すると、4になっていることがわかります。

注意 importlibのインポートし忘れに注意しましょう。

```
>>> importlib.reload(dice)
<module 'dice' from '/Users/taro/pyworks/dice.py'>
>>> sai = dice.Dice(4)
>>> sai.shoot()
3
>>> sai.face_num
4
```

　では、初期化メソッドに引数を与えないとどうなるのでしょうか？　やってみるとわかりますが、エラーになります。

```
>>> sai = dice.Dice()
Traceback (most recent call last):
  File "<stdin>", line 1, in <module>
TypeError: __init__() missing 1 required positional argument: 'val'
```

引数のない初期化メソッドは、どこへ行ってしまったの？

初期化メソッドを全く用意しなくても、引数のない初期化メソッドを使うことができました。しかし、実はこの初期化メソッドはPythonが自動的に用意してくれた、"おまけ"のようなものです。引数のある新たな初期化メソッドを用意したので、このおまけは上書きされてしまったことになります。

そこで、引数を指定しないときは六面体サイコロを作るようにしましょう。関数の章で学んだ、引数のデフォルト値を使えば簡単ですね。dice.pyを次のソースコードに変更します。

補足 インタラクティブシェルで、何度か同じ関数やデータ型を定義すると古い定義が消えて、新しい定義だけになりました。それと同じことです。

```
import random

class Dice:
    def __init__(self,val=6):
        self.face_num = val

    def shoot(self):
        return random.randint(1,self.face_num)
```

作成したdice.pyを実行してみましょう。引数を指定しないときは六面体サイコロになっていることがわかります。これで、5種類の正多面体サイコロを表現するデータ型がほぼ完成しました。

```
>>> importlib.reload(dice)
<module 'dice' from '/Users/taro/pyworks/dice.py'>
>>> sai = dice.Dice()
>>> sai.face_num
6
```

初期化メソッドで、インスタンスを作るときの動作を細かく制御できる

コラム 引数のチェックとエラーの発生方法

　正四面体は5種類しかないのに、今のDice型は初期化メソッドの引数にどんな値でも指定できるため、正七面体や正十面体といった現実にはあり得ない形のサイコロも作れてしまいます。これを防ぐため、初期化メソッドで引数をチェックして、あり得ない形の場合はエラーを出してDice型のインスタンスを作らないようにしてみましょう。

　引数が指定の数字かどうかは、次のようにinというキーワードとリストを使うと簡単に判定できます。

```
>>> 4 in [4,6,8,12,20]
True
>>> 7 in [4,6,8,12,20]
False
```

　4はinに続くリストの中にあるのでTrueとなり、7は入っていないので、Falseになります。逆に、inに続くリストに数字が入っていないときTrueとなってほしい場合は、キーワードnotを使います。

```
>>> 7 not in [4,6,8,12,20]
True
```

　一方、エラーを発生させるにはraiseというキーワードを使います。エラーにはいろいろな種類がありますが、ここではもっとも一般的な例外を意味するExceptionを使いましょう。Exceptionはエラーを示すデータ型で、初期化メソッドの引数にエラーを内容を文字列で設定することができます。dice.pyのソースコードを次のように変更しましょう。

```
import random

class Dice:
    def __init__(self,val=6):
        if val not in [4,6,8,12,20]:
            raise Exception('そんな正多面体はありません。')
        self.face_num = val

    def shoot(self):
        return random.randint(1,self.face_num)
```

　では試してみましょう。モジュールをreloadで読み込み直してから、七面

体のサイコロを作ってみます。

```
>>> importlib.reload(dice)
>>> sai = dice.Dice(7)
Traceback (most recent call last):
  File "<stdin>", line 1, in <module>
  File "/Users/taro/pyworks/dice.py", line 6, in __init__
    raise Exception('そんな正多面体はありません。')
Exception: そんな正多面体はありません。
```

　エラーが発生して、インスタンスの作成に失敗していることがわかります。このように、引数を厳密にチェックして適切なエラーを発生させることによって、ユーザーが誤って正多面体ではないサイコロを作ってしまうのを防ぐことができます。

STEP 5　サイコロゲーム

　これで、サイコロの動きを真似したDice型ができあがりましたので、Dice型を使った簡単なゲームを作ってみましょう。4、6、8、12、20面体サイコロのどれか1つを選んで、そのサイコロでコンピュータと勝負します。勝敗は、出た目の大きさで決めるシンプルなものです。ゲームを実行したときのイメージ画面は、次のようになります。

```
4,6,8,12,20のどれで勝負しますか？：12
CPU：1　あなた：9
おめでとうございます。あなたの勝ちです！
```

　サイコロの種類は、ユーザーが入力します。それに従って、コンピュータ用とユーザー用のサイコロを2つ用意してそれぞれの目を出し、勝負の行方に応じたメッセージをif文で制御して出力すれば完成です。
　サイコロゲームのソースコードのファイル名はdice_game.pyとして、pyworksディレクトリに保存することにします。以下に、dice_game.pyファイルの内容を示します。

```
import dice

num = input('4,6,8,12,20のどれで勝負しますか？：')  #input関数で値を受け取る
num = int(num)                    # 文字列を整数に変換
my_dice = dice.Dice(num)          # ユーザー用のサイコロ
cpu_dice = dice.Dice(num)         # コンピュータ用のサイコロ

my_pip = my_dice.shoot()          # pipはサイコロの目の意味
cpu_pip = cpu_dice.shoot()        # コンピュータの出た目

# 出目を画面に出力　数字はstr関数を使って文字列に変換
print('CPU：{} / あなた：{}'.format(cpu_pip, my_pip))
# 状況によってメッセージを変える
if my_pip > cpu_pip:
    print('おめでとうございます。あなたの勝ちです！')
elif my_pip < cpu_pip:
    print('残念！あなたの負けです。')
else:
    print('引き分けです')
```

注意　一部のWindows環境では、ファイルの2行目までに、「#coding: shift-jis」と記述して、ファイル自体をShift-JISで保存する必要があります。

いかがでしょうか？　このソースファイルに含まれているコードは、これまでに出てきた構文ばかりです。コメントを参考にしながらコードを見ていけば、ここまでPythonを学んできた皆さんなら、何をしているかがきっとわかると思います。

実行は、OSのシェルからファイルを呼び出して行います。

```
> python dice_game.py
4,6,8,12,20のどれで勝負しますか？：12
CPU：6　あなた：12
おめでとうございます。あなたの勝ちです！
```

ここで作ったサイコロゲームは、かなり簡単にソースコードが書けています。これは、すでにDice型が完成しており、それをimportすることで使い回しているためです。

オブジェクト指向プログラミングは、このように部品をあらかじめ用意しておいて、それらを効率良く使うことで、新たなプログラムを開発するときの労力を低く抑えています。使いたい部品がすでに用意されている場合は、そちらを利用しましょう。新しく自分で作らなければならなくなったら、他のプログラムでも使い回しができるように、うまく設計する必要があります。

補足　「うまく設計する」とは何ともあいまいな表現ですが、こうした技術は一朝一夕で身に付くものではありません。実際の課題を解決しながら一歩一歩成長していきましょう。

STEP 6 クラスとそのインスタンスについて

ここまで見てきたDice型では、サイコロの面の数を表現するface_numを、当初、初期化メソッドの中ではなく、class Dice:のすぐ下で定義していました。これらの違いを、簡単なコードを実行しながら理解していくことにしましょう。

まずは、簡単なクラスを作って、numというアトリビュート（属性）を定義します。

補足 Pythonでは、クラスの名前は、このように単語を大文字で区切って表記するのが一般的です。大文字がラクダのコブに見えるため、この表記方法を「キャメルケース」といったりします。

```
>>> class MyClass:
...     num = 3
...
```

次に、インスタンスを2つ用意してみましょう。

```
>>> c1 = MyClass()
>>> c2 = MyClass()
>>> c1.num
3
>>> c2.num
3
```

どちらのインスタンスでも、numは3になっていることがわかります。

このnumは、クラス属性（クラスアトリビュート）と呼ばれます。インスタンスをいくつ作っても、すべて同じMyClass.numを参照しているわけです。

では、インスタンスごとに別々のアトリビュートを用意したいときはどうすれば良いでしょうか？ その場合は、メソッドの中でselfを使って書きます。混乱を避けるため、my_numに名前を変えておきましょう。

```
>>> class MyClass:
...     num = 3
...     def set_num(self, val):
...         self.my_num = val
...
>>> c1 = MyClass()
>>> c2 = MyClass()
>>> c1.set_num(5)
>>> c1.my_num
5
>>> c2.set_num(8)
>>> c2.my_num
8
>>> c1.num
3
>>> c2.num
3
```

メソッドを定義

メソッドの中で属性を定義

このように書くと、my_numは、インスタンス属性（インスタンスアトリビュート）になり、インスタンスごとに別のアトリビュートを持つことができます。

クラスのすべてのインスタンスにわたって同じ内容で良い場合は、クラス属性を使い、インスタンスごとに内容を変えたい場合は、インスタンス属性を使います。ちなみに、次のようにインスタンス属性とクラス属性を同じ名前にすると、クラス属性が見えなくなってしまいます。

注意 バグの原因になるので、実際にはこのようなコードは書かないようにしましょう。

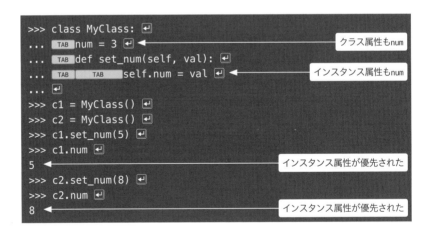

```
>>> class MyClass:
...     num = 3
...     def set_num(self, val):
...         self.num = val
...
>>> c1 = MyClass()
>>> c2 = MyClass()
>>> c1.set_num(5)
>>> c1.num
5
>>> c2.set_num(8)
>>> c2.num
8
```

クラス属性もnum

インスタンス属性もnum

インスタンス属性が優先された

インスタンス属性が優先された

新しいデータ型を作る

9-5 継承

クラスは、他のクラスをもとにして作ることもできます。これを実現するのが、継承という考え方です。この章の締めくくりとして、turtle.Turtle型を継承して新しいクラスを定義してみましょう。

STEP 1　継承とオブジェクト指向プログラミング

　Pythonをはじめ、現在使われている多くのプログラミング言語は、**オブジェクト指向**という考え方を意識して作られています。オブジェクト指向プログラミングの大きな特徴は、「できる限り、誰かを頼ってプログラミングする」という点です。

　これまで学んできたように、データと関数（メソッド）がオブジェクトとして一緒になっていることで、ずいぶんプログラミングが楽になりました。継承は、このような便利さを丸ごと受け継いで、必要な部分だけを追加開発する方法です（図11）。

▼図11　オブジェクト指向プログラミングのイメージ

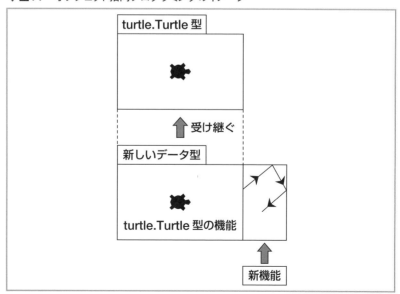

　ここでは、使い慣れたTurtle型を例に、継承の基本を理解していきましょう。

STEP 2　もっとも簡単な継承

「継承」という言葉を調べると、「先の人の身分・権利・義務・財産などを受け継ぐこと」とあります。新しいクラスを作ってデータ型Diceを定義するときには、「class Dice:」と書きましたが、turtle.Turtle型を継承して新しいクラスKameを作るには、次のように入力します。

注意　turtleモジュールをインポートするのを忘れないようにしましょう。

補足　passは、ブロックの中に何も書かずに済ませるためのキーワードです。

class Kameの後に、関数の引数のようにturtle.Turtleを指定しています。これだけで、turtle.Turtle型をもとにした、新しいKame型を作ることができます。

このとき、継承元になっているturtle.Turtleを**親クラス**、継承先として定義されたKameを**子クラス**と呼びます（図12）。

補足　親クラスのことを、「スーパークラス」や「基底クラス」、また子クラスを「サブクラス」や「派生クラス」と呼ぶこともあります。

▼ **図12**　クラスの親子関係

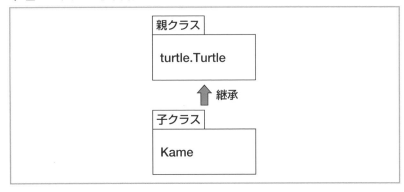

Kame型は、turltle.Turtle型を継承しただけで他には何もしていません。この時点では、Kame型とturtle.Turtle型は名前が違うだけで、その他は全く同じものです。試しに、Kame型の初期化メソッドを呼び出して、kame_testという名前のインスタンスを1つ用意してみましょう。

```
>>> kame_test = Kame()
```

turtle.Turtle型のデータを用意したときと同じように、画面が表示されると

思います。試しに、forwardメソッドを呼び出してみましょう。turtle.Turtle型と同じ動きになることがわかります（図13）。

```
>>> kame_test.forward(100)
```

▼ **図13** 見た目も動きも同じですが、これはKame型

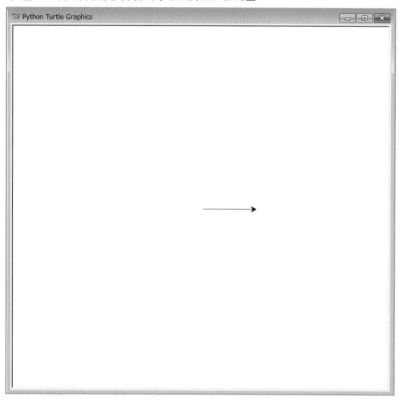

データ型を継承すると、すべてのデータ属性とメソッドが引き継がれる

STEP 3　継承とメソッド

補足　輪郭の線は今回はそのままにしておきます。

　このままでは見た目が亀になっていないので、第7章でやったのと同じように、亀の形にして、縦横それぞれ2倍に拡大します。

```
>>> kame_test.shape('turtle')
>>> kame_test.shapesize(2,2)
```

補足　初期化メソッドの概念とその扱い方については、第9章の「9-4　もっとクラスを知る」を参照してください。

　これで亀の形になりました。でも、せっかくturtle.Turtle型を継承してKame型を定義しているのですから、Kame型を改造して、初期化メソッドを呼び出すときに自動的に亀の形になるようにしてみましょう。
　Kame型を定義するKameクラスのソースコードに、初期化メソッド__init__を用意して、形を亀にして大きさを拡大するコードを書けば良さそうです。先ほどkame_test.shape('turtle')としていたコードの「kame_test」の部分を、自分自身を表す「self」に置き換えて初期化メソッドの中に入れると、次のようになります。インタラクティブシェルで実行してみましょう。

```
>>> class Kame(turtle.Turtle):
...     def __init__(self):
...         self.shape('turtle')
...         self.shapesize(2,2)
...
>>>
```

補足　実行しているプラットフォームによって、エラーメッセージの文面は微妙に異なります。

　さて、新しくなったKameクラスの初期化メソッドを呼び出してみます。

```
>>> kame_test = Kame()
Traceback (most recent call last):
  File "<stdin>", line 1, in <module>
  File "<stdin>", line 3, in __init__
  File "/Users/taro/anaconda3/lib/python3.5/turtle.py", line 2775, in shape
    if not name in self.screen.getshapes():
AttributeError: 'Kame' object has no attribute 'screen'
```

　あれ？　エラーが発生してしまいました。完全に初期化に失敗していますね。実は、これには深い理由があるのです。

STEP 4 親を呼び出す関数 super

　turtle.Turtle型を継承して作ったKame型は、名前以外の中身はturtle.Turtleクラスと同じものでした。つまり、「kame_test = Kame()」として初期化メソッドを呼び出したときも、turtle.Turtle型の初期化メソッドが呼び出されていることになります。turtle.Turtle型の初期化メソッドは、新しいウィンドウを表示し、動かせる矢印を真ん中に用意するなど、いろいろな処理を行います。

　実は、子クラス（Kame型の定義）の中で、親クラス（turtle.Turtle型の定義）にあるのと同じ名前のメソッドを書くと、親クラスのメソッドが上書きされてしまいます。

注意 前節で、引数のある初期化メソッドを用意したら、もともとあった引数のない初期化メソッドが見えなくなってしまった例に似ています。

　単純に初期化メソッドを追加したKame型のインスタンスを用意すると、親クラスが持っている初期化に必要なコードが上書きされてしまいます。そのため、エラーとなってしまうのです（図14）。

▼ 図14　灰色になっている初期化メソッドだけが呼ばれる

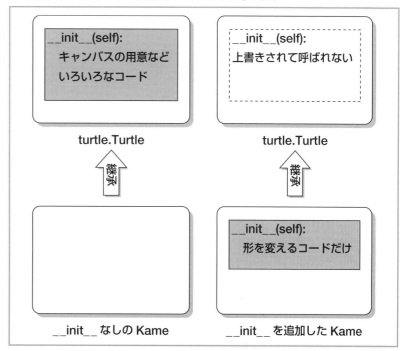

　これを回避するには、Kame型の__init__メソッドの中で、まずturtle.Turtle型の__init__メソッドを呼び出して、その後に、形を亀に変えるコードを追加します。次のように入力してください。

注意 Python 2.x 系では、super()となっているところを、super(Kame, self)としてください。

```
>>> class Kame(turtle.Turtle):
...     def __init__(self):
...         super().__init__()
...         self.shape('turtle')
...         self.shapesize(2,2)
...
```

今度は、うまくいくはずです。初期化メソッドを呼び出してみましょう。新しいウィンドウが出て、真ん中に亀が表示されるはずです。

```
>>> kame_test = Kame()
```

ここで、新しい組み込み関数superが登場しました。

関数superは、自分の親クラスを返してくれます。これを使うことで、親クラスにあたるturtle.Turtle型の初期化メソッドを呼び出した後に、追加したコードが実行されるようになります（図15）。

▼ 図15　まず親クラスの初期化メソッドが呼ばれる

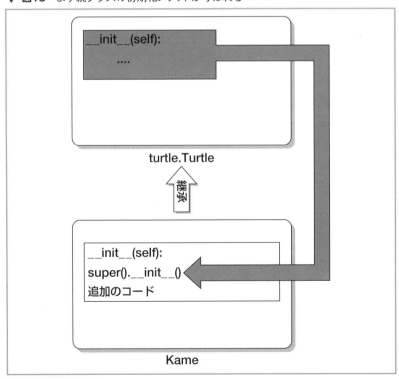

superを使うと、継承元の親クラスを呼び出すことができる

STEP 2　モジュールファイルにする

　このKame型は、後の章で改良を加えて利用する予定ですので、モジュールファイルにしておきましょう。ファイル名は、kame.pyとでもしておきましょう。いつものようにエディタでソースコードを入力し、pyworksディレクトリに保存します。

　kame.pyのソースコードは次の通りです。

```
import turtle

class Kame(turtle.Turtle):
    def __init__(self):
        super().__init__()
        self.shape('turtle')
        self.shapesize(2,2)
```

まとめ

- データ型は、データ属性とメソッドからできています。
- 新しいデータ型を作るには、設計図となるクラス（class）を作ります。
- クラスは、データ属性（アトリビュート）とメソッドをまとめます。
- メソッドは、関数と同じようにdefキーワードを使ってクラスに追加します。
- メソッドには、1つ目の引数として必ず「self」が必要です。
- 初期化メソッドの実体は、__init__という名前のメソッドです。
- 継承は、既存のクラスをもとにして、新しいクラスを作る方法です。
- 子クラスで親クラスと同じ名前のメソッドを定義すると、親クラスのメソッドは上書きされます。
- 子クラスの中で、親クラスへの参照が必要なときは、組み込み関数superを使います。

練習問題

1. 新しいデータ型の定義は、［ ① ］キーワードではじめます。
2. メソッドを追加する場合は、1つ目の引数に必ず［ ① ］を指定します。
3. 初期化メソッドの実体は、［ ① ］という名前のメソッドです。
4. 既存のデータ型を使って新しい型を定義する方法を、［ ① ］と呼びます。
5. 子クラスを定義するコードの中で、親クラスへの参照を得る場合は、組み込み関数［ ① ］を使います。

第10章

Webアプリケーションを作る

1990年ごろに誕生したWeb (World Wide Web) は、瞬く間に世界に広がり、今では日常生活に欠かせない技術になりました。この章では、その仕組みをPythonを使って学んでいきます。

10-1 Webアプリケーションを作る

この章で学ぶこと

この章は、Python を使った応用例の 1 つ目、Web のお話です。誕生直後は、ただテキストや画像などのデータを配信するだけだった Web は、その後急速な進化を遂げました。現在では、Web アプリケーションという言葉があるように、プログラミングの力で、Web を通じてさまざまなことができるようになっています。この章では、Web の基本を Python とその標準モジュールを使って学習していきます。

POINT 1　Web の仕組み

みなさんが日常的に利用しているWebですが、その仕組みは誕生以来ほとんど変化していません。まずは、手元のコンピュータでこのWebの仕組みを再現し、Webがどのような仕組みで動いているのかを理解しましょう。

POINT 2　CGI で作る動的な Web

Webの仕組みがわかれば、プログラムによって挙動を変える「動的なWeb」を作ることはそれほど難しくありません。CGIという仕組みを使って、今日の運勢を表示する簡単なWebアプリケーションを作ってみましょう。

POINT 3　サーバにデータを送る

Webで情報の検索やお買い物をするとき、Webブラウザからサーバへデータを送る、ということを良くやります。そのときに行われるサーバとの通信の基本を、今日の運勢ページを改造しながら、学習していきましょう。

10-2 Webの仕組み

Webアプリケーションを作る

今ではあまりにも日常生活に溶け込んでしまったWebなので、その仕組みを真剣に考えることはほとんどないかもしれません。ここでは、Webの基本技術をPythonを使って見ていきましょう。

STEP 1　Webを構成する要素

補足　CERNは「セルン」と発音します。

　1989年にWebを考案したティム・バーナーズリーは、当時、欧州原子核研究機構（CERN）という機関に勤めていました。この研究所にはたくさんの物理学者がいて、実験結果やそれをまとめた論文など、日々膨大な量の情報が生み出されていました。これらを上手に整理するための方法として、ティムは、次の3つの要素を持つWebのアイディアを形にして提案したのです。

- 情報の場所を示す方法：**URL**
- 情報をやりとりする決まり：**HTTP**
- 情報の中身を記述する言語：**HTML**

補足　最近のWebページは複雑なので、HTMLだけではなく、CSSやJavaScriptも使われています。

　現在、世界中で日常的にWebは利用されていますが、これら3つの要素を使ってWebを一言で説明すると、「URLで示された場所から、HTTPという方法を使って、HTMLで記述された情報を取ってくる」ということになります。
　最近は、パソコンだけではなくスマートフォンなどを使ってWebにアクセスすることも多いですが、どんな機械を使っていても、基本的にクライアントであるWebブラウザから、Webサーバにリクエスト（要求）を出して、レスポンス（応答）を受け取る仕組みになっています（図1）。レスポンスには、Webページや画像ファイルなどの情報が含まれます。

▼ 図1　Webのしくみ

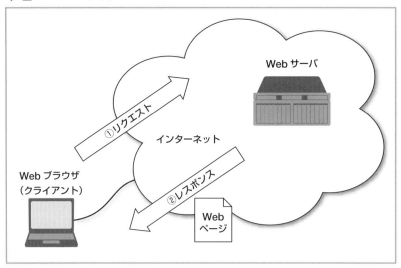

　このとき、クライアントとサーバでやり取りされる情報を、特に**HTTPメッセージ**と呼びます。

STEP 2　Webサーバを動かす

　この本はPythonのプログラミングの本ですが、WebにおいてHTMLはとても重要な要素なので、ここで簡単なHTML文書を作ってみることにしましょう。

　Webブラウザに1行だけ文字列を表示するHTML文書を作ってみます。テキストエディタを起動して、次の内容を打ち込んでみましょう。その際、テキストエディタの編集モードをHTMLに切り替えると、タグの部分に色が付くなど、便利な機能を利用することができます。入力が終わったら、index.htmlという名前を付けて、pyworksディレクトリに保存します。

▼ 簡単なHTML文書

```
<!DOCTYPE html>
<html>
  <head>
    <title>My Page</title>
  </head>
  <body>
    Hello!
  </body>
</html>
```

　実はPythonはWebサーバの機能を内蔵しているので、手元のパソコンで動

く簡単なWebサーバをすぐに起動することができます。つまり、Webサーバとクライアントを手元の1台のパソコンの中で、同時に動かすことができるのです。

OSのシェルを起動し、pyworksディレクトリへ、cdコマンドを使って移動します。pythonコマンドを、次のようなコマンドライン引数と共に起動してください。コマンドライン引数の「-m」は、http.serverモジュールを、モジュールではなくスクリプトとして動かす指示で、これによってPython内蔵のWebサーバが起動します。

「Serving HTTP...」という表示が出れば、Webサーバが起動しています。

注意 Python 2.xを利用している場合は、「python2.7 -m SimpleHTTPServer」と入力します。

注意 Windows系OSではWindowsファイアウォールの警告が表示される場合がありますが、公衆無線LANなどの外部ネットワークに接続して作業していないのであれば、「アクセスを許可する」を選択してください。

```
> cd pyworks ⏎
> python -m http.server ⏎
Serving HTTP on 0.0.0.0 port 8000 ...
```

パソコンのWebブラウザで、起動したWebサーバにアクセスしてみましょう。ただ、同じパソコンからアクセスするので、いつも入力しているURLとは形が違います。Webブラウザを起動して、次のURLを指定してみてください。

```
http://localhost:8000/
```

注意 Webブラウザの種類によっては、応答が返らず、Webサーバが止まってしまったように見えることがあります。うまくいかない場合は、利用するWebブラウザを変更してみてください。

Webブラウザに、先ほど作ったシンプルなWebページが表示されれば成功です。

入力したURLのlocalhostとは、パソコンが自分自身を指し示す特別なアドレスです。コロンの後に書かれている数字はポート番号と呼ばれるものですが、通常のWebサーバはポート番号80番で動くことが多いので、省略されると80を指定したことになります。今作ったサーバは8000番で動いているため、その番号を指定する必要があるのです。

STEP 3　HTTP通信の中身を見る

注意 少し書き方がややこしいので、実際には入力せず、コードを読むだけでも構いません。

補足 macOSの場合、ターミナルアプリを起動した状態で、画面上部のメニューバーの「シェル」→「新規ウインドウ」→「新規ウインドウ」をクリックすると、新しいシェル画面を表示できます。また、コマンドキー＋Nキーでも同じ結果になります。なお、Windowsの場合は、20ページの操作で2つ目のウィンドウが表示できます。

通常、Webサーバとの通信には、クライアントとしてWebブラウザを利用します。Webブラウザは私たちの知らないところで、Webサーバといろいろな細かい通信の作業をしてくれています。その通信内容を知るために、Pythonを使ってWebブラウザがやっている仕事を再現してみることにしましょう。

接続するWebサーバとして、先ほど導入したPython内蔵のWebサーバを利用します。シェルのpyworksディレクトリから起動していることを確認してください。次に、今開いている画面の他に新しくOSのシェル画面を起動し、Pythonインタラクティブシェルを起動して、次のコードを1行ずつ入力してい

きます。

① Pythonインタラクティブを起動します。

```
> python
```

② 別のコンピュータと通信するためのモジュールtelnetlibを読み込みます。

```
>>> import telnetlib
```

③ localhostのポート8000番へ接続します。

```
>>> tn = telnetlib.Telnet('localhost',8000)
```

④ HTML文書を要求するHTTPリクエストを送信します。これは、Webブラウザが送っている情報を簡単にしたものです。先頭のbは後ほど解説します。ポイントは、GETの後に欲しいページを指定しているところです。最後に改行コードCR+LFが2つ入ります。

```
>>> tn.write(b'GET /index.html HTTP/1.1\r\n\r\n')
```

⑤ Webサーバから送られてきた情報を、read_allメソッドを使ってresという名前の変数で受け取ります。

```
>>> res = tn.read_all()
```

⑥ resの内容はバイト列なので、UTF-8の文字列に変換して画面に表示します。最後に余計な改行が入らないように、end引数に空の文字列を渡しています。

```
>>> print(res.decode('utf-8'),end='')
```

　通常はWebブラウザが自動的にサーバへ送信している情報を、Pythonのtelnetlibというモジュールを使って1つ1つ送っています。HTTPリクエストは、文字列ではなくバイト列で送ります。文字列の先頭にbと書かれていると、バイト列を意味します。また、改行コードがCR+LFである点は注意が必要で

す。Pythonのリテラル表現では、「 '\r\n' 」になります。

次のようなWebサーバからの応答が表示されれば、成功です。

```
HTTP/1.0 200 OK
Server: SimpleHTTP/0.6 Python/3.5.2
Date: Sun, 06 Aug 2017 05:50:34 GMT
Content-type: text/html
Content-Length: 107
Last-Modified: Sun, 06 Aug 2017 10:05:05 GMT

<!DOCTYPE html>
<html>
  <head>
    <title>My Page</title>
  </head>
  <body>
    Hello!
  </body>
</html>
```

　自分で作ったHTMLの他に、いろいろな情報が送られてきているのがわかると思います。このようなWebサーバから返されるHTTPメッセージは、HTTPレスポンス（HTTP Response）と呼ばれ、図2のような構造になっています。

▼ 図2　HTTPレスポンスの構造

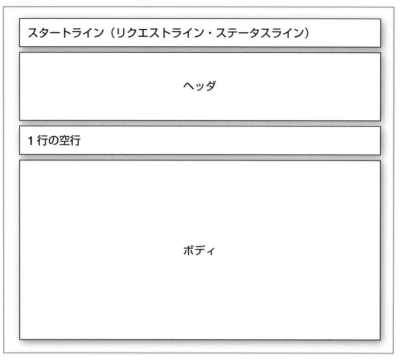

　HTTPレスポンスの1行目は、**ステータスライン（Status line）**と呼ばれます。200となっていると、通信は成功しています。4と5からはじまるステータスはエラーです。みなさんも、404が表示されてページが見つからなかったり、500が表示されてサーバエラーになったりした体験があるかと思います。

　ステータスラインの後には、ヘッダが続きます。Serverの種類や日付が送られてきているのがわかります。「Content-type」には、MIME形式という表記でコンテンツの内容が書かれています。ここではWebページを受け取っているので、内容はHTML文書を表す「text/html」です。続くボディの内容は、作成したHTML文書そのものです。

　Webブラウザは、このHTTPレスポンスを解釈して、ボディに書かれた内容を画面に表示しているわけです。

　HTTP通信の中身がなんとなくわかったでしょうか？　次の節では、このHTTPレスポンスを作るプログラムを、Pythonで書いてみることにします。

HTTP通信では、クライアントからHTTPリクエストが送られるサーバがそれに応えて、HTTPレスポンスを返す

Webアプリケーションを作る

CGIで作る動的なWeb

前節では、クライアントのリクエストに対して、Webサーバが自動的にHTTPレスポンスを返していました。ここでは、クライアントに対する応答（レスポンス）を、Pythonのプログラミングで作ってみることにしましょう。CGIという、少し古いですが基本的な技術を利用します。

STEP 1　動的なHTTPレスポンス

補足　CGIが生まれた90年代半ばには、他にSSI (Server Side Includes) などの技術もありました。

　URLにHTML文書や画像のファイル名を指定してリクエストし、その情報を受け取るのが、前節で解説した基本的なHTTP通信です。CGI (Common Gateway Interface) を使うと、Webサーバの中にあるプログラムを、URLで指定できるようになります。プログラムの指定を受けたWebサーバは、該当するプログラムをサーバ上で実行し、その結果をHTTPレスポンスで返すことができるのです（図3）。

▼ 図3　CGIを含むHTTP通信の全体像

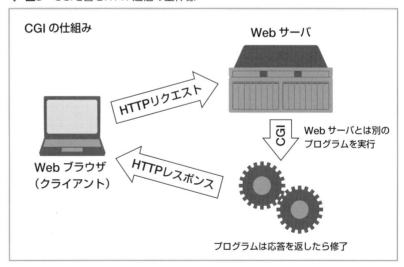

　すでに用意されているHTML文書などを返すのではなく、CGIを通じて実行されたプログラムが、その都度、Webブラウザに返す内容を動的に作り出す仕組みになっています。

STEP 2　CGIの準備

　CGIの準備も兼ねて、まずは画面に「はじめてのCGI」とだけ出力するプログラムを作成してみます。

　まず、プログラムを保存するディレクトリとして、cgi-binという名前のディレクトリをpyworksの下に作ります。ディレクトリの名前は決まっているので、間違えないように注意してください。

```
> cd pyworks ↵
> mkdir cgi-bin ↵
> cd cgi-bin ↵
```

　次に、テキストエディタを使って次の内容を入力し、my_first_cgi.pyという名前を付けて、先ほど作成したcgi-binディレクトリに保存します。このとき、文字コードはUTF-8にしてください。

▼　画面に文字列を表示するプログラム

```
#!/usr/bin/env python

print('はじめてのCGI')
```

　プログラムの先頭に書かれた行は、シェバン行といわれるもので、macOSなどUnix系のOSで、Pythonスクリプトをシェルから直接実行するために必要な行です。さらに、macOSで直接実行するには、OSのシェルから次のコマンドも入力してください。

```
> chmod +x my_first_cgi.py ↵
```

　これは、スクリプトファイルに実行権限を与えるコマンドです。これによって、Pythonのスクリプトファイルが OSのシェルから直接実行できるようになります。

　OSのシェルから、プログラムを実行してみましょう。cgi-binディレクトリにいることを確認してから、次のように入力します。Windows系OSとmacOSでは少し違うので、注意してください。

Windowsの場合
```
> .\my_first_cgi.py ↵
```

補足　Windows系OSでPowerShellを使っている場合は、新しい画面が一瞬表示されて消えてしまい、結果がうまく確認できないかもしれません。その場合は、pythonコマンドの引数として実行してみましょう。

10-3 CGIで作る動的なWeb

macOSの場合
```
> ./my_first_cgi.py
```

[注意] Windows系OSを使っている方は、ここで文字化けが発生します。すみませんが、我慢してください。

　画面に日本語で「はじめてのCGI」と表示されれば、プログラムは成功です。このプログラムをそのままWebに対応させれば、CGIを使ったWebプログラミングができるようになります。

どうやったら、画面に表示される文字列を、Webブラウザへ返すようにできるのだろう？

STEP 3　プログラムを Web に対応させる

[注意] Windows系OSでは、CGIの実行でさまざまなエラーが出る可能性があります。いくつかのエラーに関しては、その原因と対応策を著者サポートサイト(10ページ)に載せておきますので、参考にしてください。

　今度は、Webブラウザに「はじめてのCGI」と表示するプログラムを作成してみましょう。CGIの場合は、HTTPレスポンスとして返したい情報を、画面に出力する要領でプログラミングすれば良いだけです。
　先ほどのmy_first_cgi.pyを、次のように変更してみましょう。

▼　HTTPレスポンスを返すプログラム

```python
#!/usr/bin/env python

html_body = '''<!DOCTYPE html>
<html lang="ja">
  <head>
    <meta charset="UTF-8">
    <title>CGI</title>
  </head>
  <body>
    はじめてのCGI
  </body>
</html>'''

print('Content-type: text/html')
print('')
print(html_body)
```

[補足] これは、Pythonのスクリプトファイル内に、複数行にわたるコメントを書くときに使われる方法と同じです。

　まず、HTTPレスポンスのボディとなるHTML文書を、文字列として用意します。シングルクォーテーション(単引用符)3つを使って、複数行に渡る文字列を表現します。
　HTTPレスポンスの最初の1行、ステータスラインは、Python内蔵のWeb

サーバが自動的に返してくれますので、ヘッダから書きはじめます。必要最低限のヘッダとして、このコンテンツの情報を書き、続けて空行、ボディの順に、printを使って画面に出力すれば良いだけです。OSのシェルからプログラムを実行し、次のような出力結果が得られれば成功です。

```
Content-type: text/html

<!DOCTYPE html>
<html lang="ja">
  <head>
    <meta charset="utf-8">
    <title>CGI</title>
  </head>
  <body>
    はじめてのCGI
  </body>
</html>
```

> 補足 HTMLはPythonプログラムほど厳密ではないので、<!DOCTYPE html>やlang="ja"などは省略することもできます。ただ、これらが書かれているほうが、より文法的に正しいHTML文書といえます。

STEP 4　HTTPアクセスに応じてプログラムを動かす

　HTTPレスポンスを返すプログラムが完成したので、これをHTTP通信の応答として動かしてみましょう。

　まず、Python内蔵のWebサーバを、CGI対応のものに変更する必要があります。Webサーバが起動してる場合は、一度終了してください。Webサーバが起動しているOSのシェルの画面で、[Ctrl] + [C] キーを入力すれば停止できます。次に、pyworksディレクトリから次のようなコマンドを入力すると、CGIに対応したサーバを起動できます。

> 注意 cgi-binディレクトリからHTTPサーバを起動しないように、注意してください。

```
> python -m http.server --cgi
Serving HTTP on 0.0.0.0 port 8000 ...
```

　CGIに対応したWebサーバが起動したら、Webブラウザから次のURLを指定してみましょう。

```
http://localhost:8000/cgi-bin/my_first_cgi.py
```

　図4の画面が表示されれば成功です。

> 注意 Windowsでは、この結果が文字化けすることがあります。これを回避するための方法は、266ページのコラムを参照してください。

▼ 図4　CGIで出力したHTML

補足　現在、一般的に使われているWebアプリケーションの多くは、CGIを利用していません。理由などについては、章末のコラムも参考にしてください。

　プログラムをわざわざcgi-binディレクトリに置くのは、このディレクトリにあるプログラムしかCGI経由で実行できないためです。これは主にセキュリティの観点からの制約ですが、最近ではCGIが使われることが少なくなってきていますので、昔はそんなルールもあったんだなというくらいの気持ちで、あまり気にしなくても大丈夫です。

HTTPレスポンスを動的に生成すれば、Webアプリを作ることができる！

STEP 5　エラーへの対応

　ブラウザの画面に何も出力されないなど、何らかのエラーが起こった場合は、Webサーバを起動しているOSのシェルに表示されるアクセスログを確認してみましょう。たとえば、pyworks以外のディレクトリからWebサーバを起動してしまっている場合は、ステータスコード404のエラーが出ます。また、コード403のエラーが出る場合は、macOS環境でファイルに実行権限が付与されていない可能性が考えられます。

　実行権限が付与されているかどうかは、OSのシェルから「ls -l」と入力して、出力された最初の列を確認して、「 -rwxr-xr-x 」のようにxが付いているかどうかでわかります。xが見当たらない場合は、260ページの方法で、プログラムに実行権限を付与してください。

　ところで、プログラム自体にエラーがある場合は、そのエラー内容がWebブラウザにも表示されると便利です。プログラムの冒頭に次の2行を追加する

と、エラーがWebブラウザに出力されるようになります（図5）。今後作成するプログラムでは、この機能を利用することにしましょう。

```
import cgitb
cgitb.enable()
```

▼ 図5　cgitbモジュールを使ってエラーをWebブラウザに表示した例

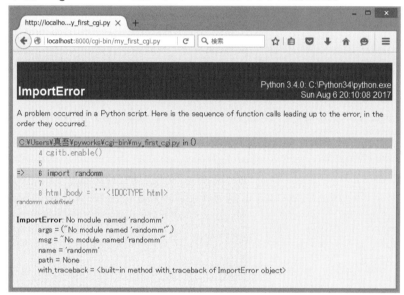

STEP 6　今日の運勢ページ

HTTPクライアントからのアクセスに応じて、プログラムを実行し、その結果をHTTPレスポンスとして返すことができるようになりました。この仕組みを利用して、今日の運勢ページを作ってみることにしましょう。

まず単純な例として、その日の運勢がランダムに表示されるページを作ります。テキストエディタで次のようなプログラムを作り、fortune.pyという名前のファイルにして、cgi-binディレクトリに保存してみましょう。macOSでは、実行権限を付与するのを忘れないようにしてください。

このプログラムは、1章の最後に作ったじゃんけんプログラムの応用です。リストとして用意した運勢の選択肢の中から、randomを使って1つ選び、Webブラウザに返すHTMLを書いています。

▼ 今日の運勢プログラム

```python
#!/usr/bin/env python

import random
import cgitb
cgitb.enable()

html_body = '''<html>
<head>
<meta charset="UTF-8">
<title>今日の運勢</title>
</head>
<body>
今日のあなたの運勢は{}です。
</body>
</html>'''

todays_fortune = random.choice(['大吉', '中吉', '吉', '末吉', '凶', '大凶'])

print('Content-type: text/html')
print('')
print(html_body.format(todays_fortune))
```

Webブラウザから次のアドレスにアクセスして、結果を確認してみましょう。

```
http://localhost:8000/cgi-bin/fortune.py
```

▼ 図6　今日の運勢を表示するCGIの出力

補足　エラーが出た場合は、cgi-binディレクトリにファイルを保存したかどうか、macOSの場合はchmodコマンドでファイルの属性を変更したかどうかを確認してください。

図6のような表示が得られたでしょうか？ Webブラウザのリロード機能など

を使って、何度かサーバにアクセスし直してみましょう。その都度結果が変われば成功です。

しかし、これではあまりにもインチキな占いですので、占いを専門にしている方々に申し訳ありません。そこで、生まれた月によって結果が変化するように、このプログラムを改造することを考えましょう。生まれた月は、Webブラウザを操作している人から、情報として受け取らなければわかりません。次の節では、この方法を学んでいくことにします。

> **コラム　WindowsでのUTF-8対応**
>
> 　CGIのプログラムは、標準出力と呼ばれる仕組みでWebブラウザへのレスポンスを作ります。Windowsでは、システムのデフォルトの文字コードがUTF-8になっていないため、UTF-8を利用しているCGIのプログラムで文字化けが発生してしまいます。そのため、日本語を含むCGIのプログラムをWindows環境で実行するときは、以下の3行を追記してください。記述場所は、具体的なコードを書く前のファイルの冒頭が良いでしょう。
>
> ```
> import sys
> import io
> sys.stdout = io.TextIOWrapper(sys.stdout.buffer, encoding='UTF-8')
> ```
>
> 　このコードは、標準出力で利用する文字コードをUTF-8に変更します。少しややこしいので、サポートページからダウンロードできるサンプルファイルを参考にしてください。
>
> 　また、環境変数「PYTHONIOENCODING」をUTF-8に設定することでも、CGIプログラムの文字化けを回避できます。この対策をとった場合は、上記のコードをプログラムに含める必要はありません。
>
> 　最近は、UTF-8を利用することが世界的にも標準になりつつあるので、Windowsも近い将来には、この流れに合流してくれるものと思います。

10-4 サーバにデータを送る

Webアプリケーションを作る

この章の最後に、Webブラウザを使っている人からHTTP通信を使って情報を受け取る方法と、受け取ったデータをWebサーバのプログラムで処理する方法を学びましょう。

STEP 1　情報を送るURLの形

日頃Webブラウザを利用していて、URLの最後の方に?に続く文字列を見たことがあるでしょうか？　この文字列は、**クエリパラメータ（Query parameter）**と呼ばれるものです。

クエリパラメータを使うと、クライアントからWebサーバへとデータを送信することができます。クエリパラメータは、「名前=値」の形をしていて、複数送る場合は「&」でつなぎます。ここでは、プログラムfortune.pyに、生まれた月をmonthという名前で送りたいので、図7のようなURLを利用します。

▼ 図7　URLのクエリパラメータ

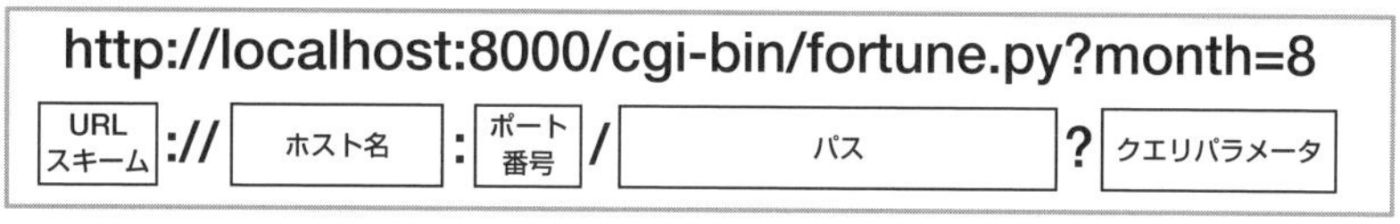

```
http://localhost:8000/cgi-bin/fortune.py?month=8
```
| URLスキーム | :// | ホスト名 | : | ポート番号 | / | パス | ? | クエリパラメータ |

注意　2048バイトが一般的な長さ制限ですが、Webサーバやwebブラウザの種類によって異なります。

ただし、クエリパラメータには、送信できるデータの長さに制限があります。

画像ファイルなどの大きなデータをWebサーバに送る場合は、URLに情報を書くのではなく、HTTPリクエストのボディに情報を含めます。本書では扱いませんが、この場合は、HTTPリクエストにGETではなく、POSTを使います。

Webブラウザから送られてきたクエリパラメータを、どうやって受け取ればいいんだろう？

STEP 2　環境変数の利用

CGIを使ったWebプログラミングでは、クライアントからのデータを環境変数を使って受け取ることが出来ます。Pythonには、この作業を少ないコードで実現できる、cgiモジュールが用意されています。

たとえば、URLのクエリパラメータとして「month=8」が設定された場合は、次のようなコードで取得することができます。後でプログラムに組み込みますので、今は眺めているだけで構いません。

```
>>> import cgi
>>> param_data = cgi.FieldStorage()
>>> month = int(param_data.getvalue('month'))
```

cgi.FieldStorage型のインスタンスを使い、getvalueメソッドの引数としてクエリパラメータの名前を指定すると、データを取得できます。このとき、データは文字列で返ってくるので、整数にするために全体をintで囲みます。

次に、送られてきた誕生月に応じて、占いの結果を毎日変える方法を考えてみましょう。

STEP 3　日付と時刻を扱う

3章で日付と時刻を扱ったとき、datetimeモジュールを利用しました。datetimeモジュールをimportし、日付を表現するdate型のtodayメソッドを使って、今日の日付を取得できるのでした。

Pythonインタラクティブシェルを起動して、実際に試してみてください。

```
>>> import datetime
>>> today = datetime.date.today()
>>> today.day
2
```

さて、受け取った誕生月と、今日の日付を使って、どのような計算をすると、占いのように見えるでしょうか？　たとえば次のような計算方法を考えることができます。

```
>>> month = 8
>>> ['大吉','中吉','吉','末吉','凶','大凶'][month*today.day%6]
'凶'
```

補足　ある数字で割った余り（剰余）を使って、ランダムに見える数字を生成する方法は、コンピュータで使われる基本的なアルゴリズム（解法）の1つです。

誕生月と今日の日付を掛け合わせてから「6で割った余り」を使って、運勢を決めるリストの位置を指定しています。6で割った余りは必ず0～5のどれかになりますし、日付が1増えた場合でも、誕生月と掛け合わせてから6で割っているため、1増えるとは限りません。そのため、毎日表示しても、1月生まれ以外の

人はなんとなくランダムっぽく見えるはずです。

　ついでに、formatメソッドについて、もう少し進んだ利用方法を学んでおきましょう。formatでは、1つの文字列内の複数の場所に、名前を付けることができます。次の例は、文字列内にaとbという名前を付けて、formatメソッドで後から数字を与えています。

```
>>> s = '{a} + {b} = 3'
>>> s.format(a=1,b=2)
'1 + 2 = 3'
```

← 文字列内の名前は{ }で囲んで指定

　また、名前を1つの辞書型のインスタンスにまとめることもできます。

```
>>> data = {}
>>> data['a'] = 1
>>> data['b'] = 2
>>> s.format(**data)
'1 + 2 = 3'
```

← data = {'a':1, 'b':2} とまとめて書くこともできます。

　formatメソッドの引数としてdataを渡すときに、「 ** 」を使って辞書型の内容を展開しているところがポイントです。

　それでは、実際にプログラムを改造し、誕生月によって毎日占い結果が変わる、fortune_month.pyを作ってみましょう。

STEP 4　改良版、今日の運勢

　ここまで学んできた知識を踏まえて作ったプログラムを、次に示します。fortune_month.pyとしてファイルを作成し、cgi-binディレクトリに保存してください。

▼ 今日の運勢改良版

```python
#!/usr/bin/env python

import datetime
import cgi
import cgitb
cgitb.enable()

http_body = '''<html>
<head>
<meta charset="UTF-8"/>
<title>今日の運勢</title>
</head>
<body>
{month}月生まれのあなたの今日の運勢は{fortune}です。
</body>
</html>'''

# URLのパラメータから、monthを取得。文字列型なので、整数に変換。
param_data = cgi.FieldStorage()
month = int(param_data.getvalue('month'))
# datetimeを利用して、現在の日時を取得
today = datetime.date.today()

contents = {}
contents['month'] = month
contents['fortune'] = ['大吉', '中吉', '吉', '末吉', '凶', '大凶'][today.day * month % 6]

print('Content-type: text/html')
print('')
print(http_body.format(**contents))
```

それでは、実際に実行してみましょう。CGIに対応したWebサーバが起動していることを確認し、次のようなURLをWebブラウザに入力してみましょう。

```
http://localhost:8000/cgi-bin/fortune_month.py?month=8
```

図8のような出力が得られれば、成功です。

▼ 図8　今日の運勢改良版の出力例

　みなさんの今日の運勢はいかがでしょうか？ うまく実行できるようになったら、運勢を選ぶ方法や、Webの表示方法を変えるなどして、プログラミングを楽しんでみてください。

コラム　Webアプリケーションフレームワーク

　Webが誕生して間もない1990年代には、CGIを使ったWebアプリケーションも多くありましたが、次第に使われなくなっていきました。これは、CGIがWebサーバとは別のプログラムを起動する仕組みになっているため、どうしてもコンピュータのCPUやメモリといった資源を多く利用してしまい、アクセスが集中するような大規模なWebサイトに向いていなかったという事情があります。

　代わりに台頭したのが、Webアプリケーションサーバという仕組みです。CGIとは違って、アクセスのたびに別のプログラムを起動せず、常にメモリ上にあるプログラムが動的なWebを生成する仕組みです。また、現代の複雑なWebサイトを支えるには、データベースとの接続や、Webページを効率よく作る仕組みなど、さまざまな機能をプログラムに搭載する必要があります。

　こうした仕組みは、Webアプリケーションフレームワークと呼ばれ、Web開発の効率を劇的に向上させたため、今ではほとんどのWebサイトがこうしたフレームワークを利用して作られています。Pythonにも、多くのWebアプリケーションフレームワークがあります。もっとも単純でWebアプリの学習に向いているのが、Bottle（https://bottlepy.org/）です。一方、本格的なWebサイトの構築にも使えるものに、Django（https://docs.djangoproject.com）があります。

　その他にも、PythonにはいくつかのWebアプリケーションフレームワークがあります。Webアプリケーション開発に興味があったらぜひ試してみて、相性が良さそうなフレームワークが見つかったら、本格的に使ってみるこ

とをおすすめします。

　最近はネット上にたくさんの情報がありますが、他の人の意見だけでなく、自分が実際に使ってみて感じたことを踏まえて読むようにすると、テクノロジーを見極める目を養えると思います。

まとめ

- Webは、URLで指定された場所から、HTTPという方法を使い、HTMLで記述されたデータを取ってくる仕組みで動いています。
- HTTP通信は、クライアントのリクエストに対して、サーバがレスポンスします。このとき、HTTPメッセージがやり取りされます。
- Pythonは、Webサーバを内蔵しています。
- HTTPレスポンスを動的に生成することで、Webアプリケーションを作ることができます。
- Webアプリを実現する方法の1つにCGIがありますが、現在、実際のWebアプリではあまり使われていません。

練習問題

1. URL、HTTP、HTMLのそれぞれについて、略語の意味を調べ、Webにおける役割を考えてみましょう。
2. クライアントからのHTTPリクエストに応じて、Webサーバから返されるHTTPメッセージは特に、　①　と呼ばれます。
3. 誕生月を受け取る今日の運勢ページを改造し、誕生日も受け取れるようにしてみましょう。

第11章

データを解析する

ビッグデータという言葉もあるように、Webが普及した現代社会にはデータがあふれています。Pythonは、本格的なデータ解析にもよく使われる言語です。この章では、Pythonプログラミングとデータ処理の関係を学んでみましょう。

11 データを解析する

この章で学ぶこと

最後の章は、Pythonを使った応用例の2つ目です。データ解析の初歩的な話題を題材に、Pythonの標準モジュールに含まれるデータベースを駆使して、少し本格的なプログラミングをしてみます。

POINT 1　データベースを知る

　名前と住所の一覧など、表の形になったデータをみなさんもよく目にすると思います。このような表形式のデータを扱うための専用言語に、SQLというものがあります。Pythonには標準で、このSQLを使ったデータ処理ができる環境が組み込まれています。まずは、その基本的な使い方を紹介します。

POINT 2　データの分布をグラフ化する

　データサイエンスという言葉が誕生するほど、現代においては、データとその処理の重要性が高まっています。データサイエンスにおいても、Pythonは中心的な役割を果たす言語です。データサイエンスという分野は、いまだにその明確な定義がわからないほど、多岐にわたる知識を必要とする領域です。とてもそのすべてを説明することはできませんので、まずは初歩的なところからはじめていきましょう。データの分布を可視化するヒストグラムを、Pythonのturtleモジュールを使って描画してみます。また、SQLの少し高度な内容にも取り組んでみましょう。

11-2 データを解析する

データベースを利用する

大量のデータを保存して、それを効率良く扱うことは、コンピュータの重要な役割の1つです。これには、データベースと呼ばれるソフトウェアが使われます。Pythonに標準で搭載されているデータベースを使って、基本を学んでいきましょう。

STEP 1　データベースの歴史

補足 Relationalは英語で「関係のある」という意味です。

大量のデータをどのように整理して、処理するかについては、これまでにいろいろな方法が提案され、まだまだ発展途上にあるといえますが、1つの成功例に**RDB（Relational Database）**という考え方があります。

RDBでは、データを「表」（英語では「テーブル」）で管理します。名簿一覧のような表をイメージしてみましょう。表（テーブル）は、行（横方向）と列（縦方向）の並びで構成されていて、1つの行には複数のまとまったデータが入り、列にはそれぞれ名前が付いています。

図1に、RDBの簡単な例を示しました。これは、人の名簿と、その勤務先一覧の表を表現しています。名簿では「勤め先」を数字にしていて、別の表の「ID」と対応させていますね。このようにRDBでは、複数の表を、関係のある項目で接続することができます。こうしておくと、たとえば○○商事の住所が変わったときも、変更する場所が1つで済むので便利です。これが、RDBの基本です。

このRDBを扱うソフトウェアを、RDBMS（RDB Management System）と呼びます。商用や無料のオープンソースを含め、たくさんのソフトウェアが利

補足 Oracle社が世界で最初の商用RDBMSを出荷したのは、1979年でした。当時はまだ一般家庭にコンピュータは普及していませんでしたが、銀行や証券会社など、データの一貫性が重要となる業種でRDBMSは重宝されました。

▼図1　表（テーブル）とその関係性を保持するRDB

ID	名前	年齢	勤め先
1	太郎	42	1
2	次郎	28	1
3	三郎	25	2

ID	名前	住所
1	○○商事	東京都千代田区…
2	△△漁協	千葉県銚子市…

用できます。商用のRDBMSを作っている会社では、米国Oracle社が世界的に有名です。

　最近は、データを保存して管理する方法として、RDB以外の選択肢も使われるようになっていますが、基本的な技術を理解しておくことは重要です。Pythonには簡単なRDBMSが付属していますので、実際にコードを実行しながら、その仕組みを体験してみることにしましょう。

ポイント　RDBは、表とその関係性でデータを表現する

STEP 2　データベースを操るための言語

補足　表とテーブルは同じです。以後は、テーブルという単語を使います。

　RDBは、表（テーブル）の形にまとめられたデータと、その関係性を保持する仕組みです。基本的な原理が提案されてから長い歴史を経ているので、今ではこのRDBを操作するための言語が存在します。それが、**SQL (Structured Query Language)** です。そのまま訳すと、「構造化問い合わせ言語」になりますが、SQLはPythonやJavaなどの一般的なプログラミング言語と比べると、直感的でわかりやすい作りになっています。

補足　MySQLはオープンソースソフトウェアですが、現在はOracle社の傘下に入っています。

　SQLを実際に試すには、SQLを理解してくれるRDBMSが必要です。商用ではOracle社の製品が有名ですが、オープンソースで開発されているものも多く、代表的なものとしてMySQLやPostgresSQLがあります。

　通常、RDBMSは1つの独立したアプリケーションですので、別途インストールと設定が必要です。幸いPythonには、SQLiteというRDBMSが内蔵されており、これを使うためのsqlite3というモジュールも用意されています（図2）。

▼ 図2　Pythonの標準モジュールとして内蔵されているsqlite3

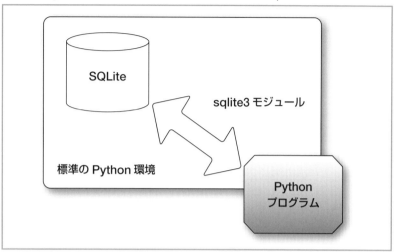

STEP 3　テーブルを作る

　sqlite3モジュールを利用すれば、Pythonのプログラムから、一切の設定なしにRDBMSを利用することができます。ただし、SQLのプログラム（SQL文）をPythonのプログラムに混ぜて書かなければならないので、最初は少し難しく感じるかもしれません。まずは、簡単なテーブルを作って、Pythonのコードの中でSQL文を実行することに慣れていくことにしましょう。

　ここで作るテーブルは、表1のような2つの列からなります。

▼ 表1　テーブルの構造

id	random_val
1	0.3233
2	0.9845

注意　すでに同じ名前のテーブルがあると、executeメソッドの実行時にエラーが返ってきます。その場合は、Pythonインタラクティブシェルを終了し、データベースファイルmy_database.dbを削除してから、再度実行してください。

　各行には、その行を識別するための「id」という列と、小数を格納するための「random_val」という列があります。idは、整数で1からはじまる連番にしましょう。また、テーブルにはdata_tableという名前を付けることにします。今は1つしかテーブルがありませんが、テーブルを格納するデータベースファイルの名前も必要ですので、my_database.dbというファイル名にしておきます。まずは、Pythonインタラクティブシェルから、次のコードを実行してみてください。

```
>>> import sqlite3
>>> conn = sqlite3.connect('my_database.db')
>>> conn.execute('create table data_table(id integer, random_val real)')
<sqlite3.Cursor object at 0x102239a40>
```

　sqlite3モジュールをimportした後、connという名前でデータベースに接続します。データベースは、プログラムとは別に稼働していることが多いので、このような書き方になります。以後の操作は、このconnという接続名を通じて行います。

　3行目のexecuteは、引数に取った文字列を、SQL文としてデータベースで実行するメソッドです。引数に書かれているのは、SQL文の中でも、テーブルを作るための**create文**と呼ばれるものです。「create table」に続いて、作成するテーブルの名前を書き、続く丸括弧の中に列の定義を書きます。id列を整数型（integer）で、random_valという列を浮動小数点型（real）で作るという意味です。

　テーブルの作成に成功すると、executeメソッドの戻り値としてsqlite3.Cursorオブジェクトが返ってきます。Cursorとは、操作対象や入力位置を意味する「カーソル」のことです。これを後から利用する場合は変数名を付けて受け取りますが、今は利用しないのでこのままで大丈夫です。

STEP 4　データの書き込みと読み込み

　これまでのコードでエラーが出ていなければ、テーブルが正常に作られています。ただ、まだ中身が空っぽなので、あまり面白くありません。そこで、0から1までの乱数を1つ発生させて、データベースに書き込んでみることにします。このときid列には、1から順番に番号を振っていくことにしましょう。手作業で行っても構いませんが、何番まで振ったかわからなくなってしまうと困るので、Pythonの標準モジュールから、itertoolsモジュールのcountを使ってみます。itertools.countは、**イテレータ**と呼ばれる繰り返し処理に便利なオブジェクトです。

　まずは、イテレータがどんな動作をするのかを試してみましょう。次のコードで、1から順番に数えてくれるイテレータを用意できます。

```
>>> import itertools
>>> iter_cnt = itertools.count(1)
```

　このイテレータを、組み込み関数nextの引数として与えると、次々に値が返ってきます。試しに何度か実行してみてください。

```
>>> next(iter_cnt)
1
>>> next(iter_cnt)
2
>>> next(iter_cnt)
3
```

補足 0以上、1.0未満の小数をランダムに得られます。

関数が実行されるたびに、数字が1つずつカウントアップしていますね。

テーブルにデータを書き込むにはどうしたらいいの?

さて、テーブルへデータを書き込むには、SQLの**insert文**を使います。書き込む乱数は、random.random()で生成することにしましょう。

SQL文とPythonコードが混ざっていてややこしいので、間違いに気をつけながら、次のコードをPythonインタラクティブシェルで続けて実行してみてください。

```
>>> iter_cnt = itertools.count(1)
>>> import random
>>> num = random.random()
>>> conn.execute('insert into data_table values({}, {})'.format(next(iter_cnt), num))
<sqlite3.Cursor object at 0x102239a40>
```

コードが見やすくなるように、発生させた乱数をnumという変数名で受け取り、formatメソッドを使ってSQL文を組み立てています。SQLのinsert文では、intoの後にテーブル名を書き、続くvaluesの丸括弧の中に、列の順番でデータを並べて書きます。

データを読み込むには、どんなSQLを使えばいいの?

データがきちんとテーブルに書き込まれているか確認してみましょう。テーブルからデータを読み出すには、SQLの**select文**を使います。次のようにすると、指定したテーブルに入っているすべてのデータを取得することができます。

```
select * from data_table
```

このSQL文の実行結果は、sqlite3.Cursorオブジェクトで受け取ることができます。返ってきた結果にcurという名前を付けて、画面に表示してみましょう。for文を使って、次のようなコードを書きます。

```
>>> cur = conn.execute('select * from data_table')
>>> for row in cur:
...     print(row)
...
(1, 0.32482447754096466)
```

select文の実行結果は、これまで通りsqlite3.Cursorオブジェクトで返ってきますが、これをcurという名前で受け取っています。カーソルは、for文などで、結果を1行ずつ操作することができます。1行分のデータがタプルにまとまっているのがわかります。

ポイント：create文でテーブルを作り、insert文で書き込み、select文で読み込む

STEP 5 データベースのその他の機能

後の節でこのテーブルを使うので、一気に500行のデータを追加しておきましょう。for文を使えばすぐにできます。for文の中身は、先ほどのコードと同じです。

```
>>> for i in range(500):
...     num = random.random()
...     conn.execute('insert into data_table values({}, {})'.format(next(iter_cnt), num))
```

実行後、SQLに組み込まれているcount関数を使って次のように書くと、全部で何行になっているのかを確かめることができます。

```
select count(*) from data_table
```

実行してみると、次のような結果が得られるはずです。

```
>>> cur = conn.execute('select count(*) from data_table')
>>> for row in cur:
...     print(row)
...
(501,)
```

最初に1行入っていたので、全部で501行になっています。このままでも構いませんが、id=501の行を選んで削除してみましょう。

 id=501の行はどうやって選べばいいんだろう？

次のコードを実行すると、id=501の行を選んで表示できます。

```
>>> cur = conn.execute('select * from data_table where id=501')
>>> for row in cur:
...     print(row)
...
(501, 0.44752892850990744)
```

select文の後ろのほうに、**where**という部分がありますね。ここに条件を指定することで、該当する行だけを抽出できるのです。該当する行がない場合は、何も返ってきません。

idが501の行を確認できたので、次はこれを削除してみましょう。ただ削除しても良いのですが、その前に**update**というSQL文を使って、この行のidを-99に書き換えてみることにします。次のコードを実行すると、これを実現できます。

```
>>> cur = conn.execute('update data_table set id=-99 where id=501')
```

update文では、変更したい列と新しい値のペアをsetの後に書きます。エラーなく実行できたら、確認してみましょう。先ほどと同じ乱数を格納した行のidが、501から-99に変更されているのがわかります。

```
>>> cur = conn.execute('select * from data_table where id=-99')
>>> for row in cur:
...     print(row)
...
(-99, 0.44752892850990744)
```

行の削除には、**delete文**を使います。

```
>>> cur = conn.execute('delete from data_table where id=-99')
```

　delete文は、指定されたテーブルから、whereの条件に該当する行をすべて削除します。たとえば、idが100より小さい行をすべて削除する、といった操作も簡単にできます。

　ここまでの操作で、SQLの基本的な操作は網羅できました。データの処理の基本を表す言葉に、「CRUD」（クラッド）というものがあります。これは、Create（作成）、Read（読み込み）、Update（更新）、Delete（削除）の頭文字を並べたものです。SQL文では、それぞれcreate, select, update, deleteにあたります。CRUDはコンピュータでデータの取り扱う際の基本ですので、SQLの基本的な操作方法とともに、頭に入れておきましょう。

　最後に、これまでのデータベースに対する操作を確定し、データベースとの接続を閉じるコードを紹介します。データベースへの変更を確定するには、commitメソッドを使います。

```
>>> conn.commit()
```

　本書では詳しく扱いませんが、このcommitを実行するまでは、変更を取り消すことができます。

　6章で解説したファイル操作と同じように、データベースでも最後にcloseメソッドで接続を切っておきましょう。

```
>>> conn.close()
```

補足　データベースに行った変更を取り消すことを、ロールバック（rollback）処理といいます。

ポイント
データの書き換えはupdate文、削除はdelete文を使う
whereを使うと、行を選べる

データを解析する

ヒストグラムを描く

前節までで、データベースを使ってデータを保存したり、読み出したりできるようになりました。この章の後半では、データのヒストグラムを描くという操作を通じて、Python と SQL のさまざまな機能を使った、本格的なプログラミングをしてみます。

STEP 1　ヒストグラムとは?

　データベースのデータが数十件しかないときは、データを一覧表示で見ることができます。しかし、データの数が増えてくると、すべて見ていると時間がかかりすぎますし、全体が掴みにくくなってしまいます。そこで、データがどのような分布になっているのかをまとめ、グラフ化するという方法がよく用いられます。グラフにはさまざまな種類がありますが、中でも**ヒストグラム**は、データの分布を把握するときに使われる、最も基本的で重要な方法です。たとえば図3は、2013年1月の31日間で、Wikipedia日本語版の「ヒストグラム」の解説ページが、何回見られたかを示しています。日によって閲覧回数は違いますが、100〜200回の日は2日あり、500〜600回の日は7日あったことがわかります。もちろん、それぞれの日に何回閲覧があったかは、このグラフからはわかりませんが、全体の傾向をつかむことはできます。

▼**図3**　Wikipedia日本語版で、2013年1月に「ヒストグラム」が閲覧された回数と日数

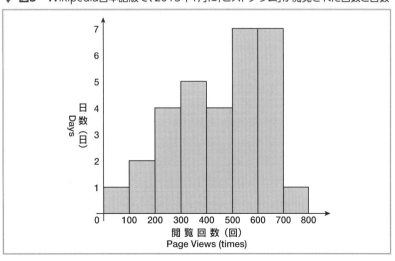

このヒストグラムを描くプログラムを作ることが、この節の目標になります。

どうしたら、ヒストグラムを作ることができるのだろう？

STEP 2　データの分布を調べる

補足 計算方法を考えることは、プログラミングで最も頭を使う作業です。今回の計算もいろいろなやり方が考えられますので、みなさんもぜひ独自の方法を考えてみてください。

　ヒストグラムを作るには、データ全体を一定の間隔に区切って、それぞれの区間にいくつのデータがあるかを数える必要があります。今回利用するデータは、すべて0以上1.0未満の小数なので、全体を10分割して、それぞれの区間にいくつのデータがあるかを計算することにしましょう。

　今回のデータはすべて1.0未満なので、0.0、0.1、0.2という具合に小数第一位の数字を見れば、そのデータが何処の区間に入るかがすぐにわかります。ですから、データベースに格納されている数字を10倍し、整数部分が0から9のどれになるかを調べて集計すれば、区間ごとのデータの数がわかることになります。

　この計算を楽にするために、Pythonの標準モジュールにある、collectionsモジュールのCounterというオブジェクトを利用しましょう。Counterは、リストなどのデータの集まりを引数に取って、その中にあるデータの個数を数えてくれます。次のコードで、その動作を確認できます。

```
>>> import collections
>>> counter = collections.Counter([1,1,2,2,2,3])
>>> counter
Counter({2: 3, 1: 2, 3: 1})
>>> counter[2]
3
```

　Counterの初期化メソッドの引数に取ったリストの中に、2が3個あることがわかります。

　それでは、実際に集計してみましょう。まず、データベースからデータを読み込み、10倍してから整数に変換して、dataというリストに格納します。なお、前節で作ったデータベースとの接続をcloseメソッドで切っていた場合は、最初のコードで接続し直してください。

```
>>> conn = sqlite3.connect('my_database.db')
>>> data = []
>>> cur = conn.execute('select random_val from data_table')
>>> for row in cur:
...     data.append((int(row[0] * 10)))
...
>>> data[:10]
[8, 0, 1, 9, 2, 3, 4, 5, 7, 1]
```

最後のコードでは、100ページで解説したスライスで、リストの最初の10個を表示しています。次に、0~9までの数字がいくつあるか集計します。これは、Counterオブジェクトを使えば1行でできます。

```
>>> hist_data = collections.Counter(data)
```

ヒストグラムは通常、棒グラフで表現されますが、いきなり描くのは難しいので、ひとまず結果の数字だけ確認しておきましょう。次のコードで、区間ごとのデータの数がわかります。

```
>>> for i in range(10):
...     print('{:0.1f}~{:0.1f}: {}個'.format(0.1 * i, 0.1 * (i+1), hist_data[i]))
...
0.0~0.1: 36個
0.1~0.2: 44個
0.2~0.3: 48個
0.3~0.4: 55個
0.4~0.5: 41個
0.5~0.6: 54個
0.6~0.7: 56個
0.7~0.8: 52個
0.8~0.9: 56個
0.9~1.0: 57個
```

元のデータが乱数ですので、お手元の結果は違ったものになっていると思いますが、どの区間も平均的に50個くらいの数字が得られていれば成功です。

STEP 3　Kameを使って描画する

本書ではここまで、Pythonのturtleモジュールを使って、いろいろな画を描いてきました。実は、このturtleモジュールを使えば、ヒストグラムのような棒グラフを作ることもできるのです。9章の最後に作ったKameクラスをさらに改造し、ヒストグラムを描いてくれる機能を追加してみましょう。

まず、9章で作ったプログラム(kame.py)を次に示します。

▼ Turtleを継承して作ったKameクラス

```
import turtle

class Kame(turtle.Turtle):
    def __init__(self):
        super().__init__()
        self.shape('turtle')
        self.shapesize(2, 2)
```

ただ、一般的なヒストグラムが描けるようにするのは大変ですので、今は0～1.0未満までを10分割した頻度のデータを受け取り、これを棒グラフにする機能だけを考えることにします。そのために、Kameクラスにどのようなメソッドを追加すれば良いでしょうか?

ヒストグラムは、データの区間ごとに棒グラフを連続的に並べたものです。そこでまず、draw_barというメソッドを考えてみます。これは、数字を1つ受け取って、棒グラフ1本分の描画をするメソッドです。

▼ 棒グラフを1本描くdraw_barメソッド

```
def draw_bar(self, height, width=40):
    self.left(90)
    self.forward(height)
    self.right(90)
    self.forward(width)
    self.right(90)
    self.forward(height)
    self.left(90)
```

draw_barの引数は、棒グラフの高さ(height)と、幅(width)です。幅には、デフォルトの引数を与えておきます。このメソッドを実行すると、亀は90度左に向いて、高さ分だけ上がり、右に回転して、幅の分だけ進みます。その後は、下まで戻ってきて終了します。

kame.pyをエディタで開いて、Kame型の新しいメソッドとして上記のdraw_barを追加します。ファイルを保存したら、次のコードを試してみましょう。

注意 Kameクラスに追加するので、各行の先頭にタブキーを1つ入力してインデント(字下げ)してください。

```
>>> import kame
>>> hist_kame = kame.Kame()
>>> hist_kame.draw_bar(120)
```

図4のように、高さ120の棒グラフを1本描画できれば成功です。

▼ 図4　高さ120の棒グラフを1本描く亀

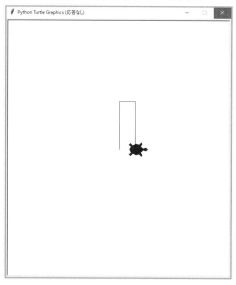

　ヒストグラムを描くには、これをデータごとに呼び出せば良いので、データの数だけ繰り返して呼び出すメソッドも追加します。これらをまとめると、kame.pyファイルは次のようになります。このプログラムをエディタで入力し、pyworksに保存しておきましょう。

▼ ヒストグラムを描くKameのプログラム

```python
import turtle

class Kame(turtle.Turtle):
    def __init__(self):
        super().__init__()
        self.shape('turtle')
        self.shapesize(2, 2)

    def draw_bar(self, height, width=40):
        self.left(90)
        self.forward(height)
        self.right(90)
        self.forward(width)
        self.right(90)
        self.forward(height)
        self.left(90)

    def histogram(self, data, mag=2, x0=-200, y0=-150):
        self.penup()
        self.goto(x0, y0)         # ← 画面の左下に移動
        self.pendown()
        self.begin_fill()
        for i in range(10):
            self.draw_bar(data[i] * mag)   # ← 1本分の棒グラフを描く
        self.goto(x0, y0)
```

draw_barの他に、実際にヒストグラムを描くときに呼び出されるhistogramメソッドを追加しています。

まず、左斜め下までペンを上げた状態で亀を移動します。これは、ヒストグラムが画面の真ん中あたりにくるようにするためで、この位置は、引数x0とy0で調整します。移動したら、10個のデータが入ったCounterから順番にデータと取り出して、draw_barメソッドを呼び出し、棒グラフを描きます。最後にスタート位置に戻って終了です。ただ、受け取った頻度の数字が小さいと、棒グラフが低くなりすぎてしまうので、引数magで調整できるようにしました。データを何倍するかを、この引数で指定できます。

それでは、実際に実行してみましょう。hist_dataに区間ごとの頻度データが入っている状態で、次のコードを実行します。

補足 magは、倍率を意味する英語magnificationの略です。

```
>>> import importlib
>>> importlib.reload(kame)        # ← kameモジュールを再読み込み
>>> hist_kame = kame.Kame()
>>> hist_kame.histogram(hist_data)   # ← hist_dataを描画
```

図5のような画が描ければ成功です。発生させているのは乱数なので、少し形が違っても問題ありません。発生させた乱数が、0～1.0までに、まんべんなく分布しているのが確認できると思います。

▼図5　ヒストグラムを描くKame

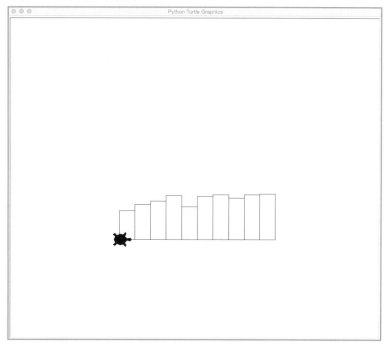

STEP 4　SQLの少し高度な使い方

　SQLは、テーブルの形で保存されたデータに対して、さまざまな処理ができるプログラミング言語です。すべてを紹介しようとすると、本がもう1冊できてしまうほど高機能ですが、ここではその機能の一端を覗いてみることにしましょう。

　先ほど作成したdata_tableには、0から1.0までの間で発生させた乱数500個が、id付きで格納されています。このとき、この500個を、5個ずつのグループに分け、その平均値を計算する方法を考えてみましょう。100個分の平均値データができるわけですが、5個のグループ化の方法は特に指定はありません。上から順番に5個ずつグループ化しても良いですし、適当にグループ化しても構いません。

　Pythonだけでこの計算を行うこともできますが、ここではSQLで解決する方法を紹介します。次の短いコードを実行すると、dataに5個ずつの平均値が

100個分格納されます。

```
>>> data = []
>>> cur = conn.execute('select avg(random_val) from data_table group by id % 100')
>>> for row in cur:
...     data.append((int(row[0] * 10)))
...
```

　executeメソッド内のSQL文で、何をしているのかを説明します。
　SQLのgroup byは、指定した列で行をグループ化します。たとえば、列に都道府県が登録されていると、簡単に都道府県別にグループ化ができるのです。ただ、idは1から500までの連続値なので、これをグループ化するために、100で割った余りを計算しています。整数を100で割った余りは、0から99までの100通りに分かれます。これを500回繰り返せば、5個ずつのグループが100個できるというわけです。
　group byを使うとデータがグループ化されるので、そのままではselectできません。そこで、**集計関数**というものが必要になります。ここでは5個の平均値を計算すれば良いので、avg関数を使います。
　後はこれまでと同じように、データを10倍して整数に変換することで、ヒストグラムを描くための頻度を計算します。Counterクラスを使って0から9までの数字がいくつあるかを数えれば、計算は完成です。

補足　このコードを見てSQLに興味が湧いたら、ぜひ深く学んでみてください。

```
>>> hist_data = collections.Counter(data)
```

　このデータを使って、Kameでヒストグラムを描いてみましょう。500個あったデータが100個になってしまったので、グラフの高さが低くなってしまいます。そこで、mag引数を10にして、グラフの高さを調節しています。先ほどの描画が残っていると思いますので、Turtleクラスのhomeとclearメソッドで片付けてから実行しましょう。

```
>>> hist_kame.home()
>>> hist_kame.clear()
>>>
>>> hist_kame.histogram(hist_data, 10)
```

　図6のような画が描ければ完成です。

▼ **図6** 5個ずつにまとめて平均を取ったデータのヒストグラム

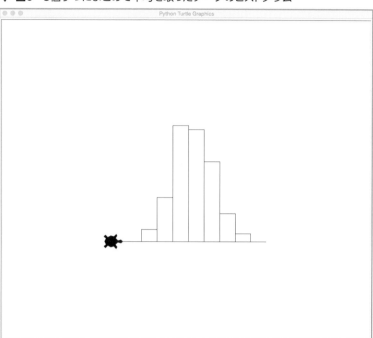

　先ほどのヒストグラムのようにのっぺりした形ではなく、中心部分が山になっているのではないでしょうか？ これは偶然ではなく、統計学の「大数の法則」や「中心極限定理」と呼ばれる理論で説明できる現象です。ただ、これらの話題は本書の解説範囲大きく超えるので、興味のある方は統計学やデータ解析の参考書などを手がかりに、さらに学んでみてください。

SQLには、countやavgなど、便利な関数がたくさんある

コラム　データ解析に便利なAnaconda

　Webやパソコン、スマートフォンなどの急速な普及によって、現代社会にはデータが溢れています。これを解析して有用な知見を得ようとする科学分野に、データマイニングやデータサイエンスというものがあります。また、人工知能や機械学習といった分野も、近年めざましい発展を遂げています。

　Pythonはこれらの分野でも、中心的な役割を果たすプログラミング言語です。しかし、これらの分野ではさまざまな技術が必要なので、標準モジュールだけで網羅することはできません。そのため、データ解析に利用できる多くの優秀な外部ライブラリが提供されていますが、これらを1つ1つインストールするのは非常に手間のかかる作業です。

　そこでおすすめなのが、本書でも紹介した米Anaconda社が配布するAnacondaというパッケージです（https://www.anaconda.com/download/）。Anacondaは、標準のPythonをベースに、強化されたインタラクティブシェルであるIPythonや、これをWebブラウザから利用できるJupyter、データ解析に欠かせないpandasやグラフ描画用のmatplotlib、さらに機械学習の高機能ライブラリであるscikit-learnなど、数多くの外部ライブラリを同梱しています。他にも多くの有用なライブラリが、Anacondaをインストールするだけでセットアップできます。著者自身も、Anacondaを利用しています。もし、データ解析に関する学習をさらに進めてみたいと思ったら、ぜひAnacondaを入手して利用してみてください。

まとめ

- 表の形になったデータを扱う方法論に、RDBがあります。
- RDBは、SQLというプログラミング言語で操作します。
- SQLには便利な関数がたくさんあり、これらを駆使するとデータを処理する短くて強力なコードを書くことができます。
- 大規模なデータのおおまかな分布を掴むには、ヒストグラムが便利です。

練習問題

1. SQLを使ったデータのCRUD操作には、　①　、　②　、　③　、　④　が使われます。
2. SQL文で、取得する行を条件で指定するには、　①　を使います。
3. ヒストグラムについて説明してください。

付録 A　WindowsにPythonをインストールする

Windows系OSにPythonをインストールする方法と細かな設定、さらにテキストエディタのインストールについて説明します。

STEP 1　標準のPythonのインストール

Python Software Foundationが配布する標準のPythonは、次のURLから入手します。

https://www.python.org

> 補足　下にある「Windows」というリンクをクリックすると、バージョンや32bit版や64bit版など、インストールするPythonを選べます。64bit版を利用したい場合は、リンク先のリストから、Python 3.x系の「Windows x86-64 executable installer」を選んでダウンロードしてください。

1. トップページのメニューから「Downloads」をクリックし、Python 3 の最新バージョンをクリックします。そのまま実行するか、一度保存してから実行します。

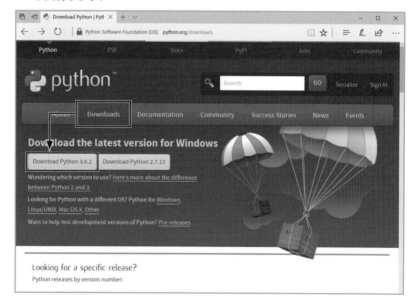

2. ウィンドウの下にある「Add Python 3.6 to PATH」をクリックしてチェックを付けます。これで、面倒な環境変数PATHの設定をインストーラがやってくれます。続いて「Install Now」をクリックします。

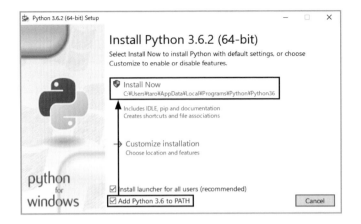

3　インストールが始まります。

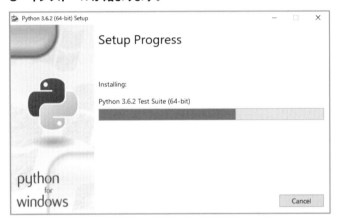

4　インストールが無事終了すると、このようなウィンドウが表示されます。これで、インストールは終了です。

付録-A　WindowsにPythonをインストールする

STEP 2　Anacondaを使ったPythonのインストール

　Pythonの豊富な外部ライブラリを最初から一緒にインストールしたい場合は、標準のPythonではなく、Anacondaがおすすめです。次のURLから無料でダウンロードできます。

　https://www.anaconda.com/download/

1　ダウンロードページの下の方に、各OS用のインストーラが用意されていますので、Windows用のPython 3の「DOWNLOAD」をクリックして保存します。

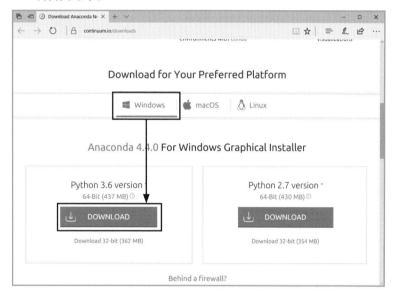

2　インストーラを起動したら、「Next」をクリックします。

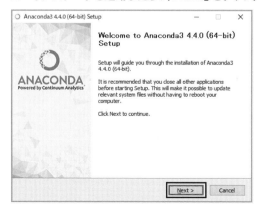

3 「I Agree」をクリックして、利用許諾に同意します。

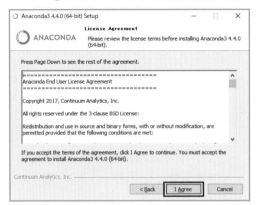

4 自分用にインストールすることがおすすめされています。そのまま「Next」をクリックします。

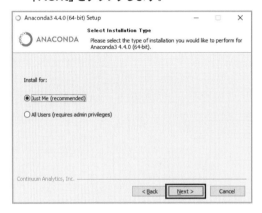

5 インストールするフォルダを選べますが、そのままで問題ありません。「Next」をクリックします。

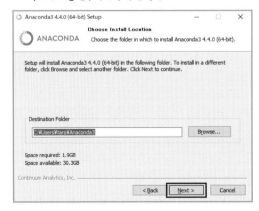

6 1つ目の「Add Anaconda to my PATH 〜」にチェックを付けると、おすすめできないというメッセージが出ることがあります。ただ、Anacondaを標準で利用するなら、両方ともにチェックを付けて、「Install」をクリックします。

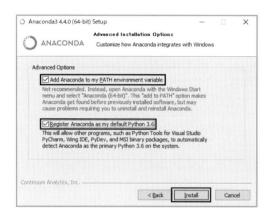

7 インストールが終了します。Anacondaは米Anaconda社が提供するデータ解析プラットフォームという位置付けなので、「Finish」をクリックすると、それに関して詳しく学ぶことができるサイトが表示されます。

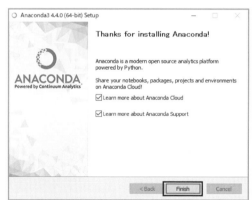

STEP 3　その他の設定

● ファイルの拡張子を見えるようにする

スタートメニューから「Windowsシステムツール」→「コントロールパネル」→「デスクトップのカスタマイズ」→「エクスプローラーのオプション」と進み、表示されるウィンドウで、「表示」タブをクリックします。「登録されている拡張子は表示しない」と書かれている項目をクリックして、チェックを外します（図1）。

▼ 図1　Windowsで拡張子を表示する。

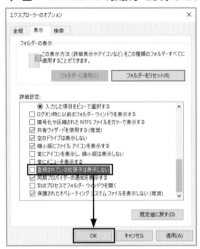

● 環境変数PATHの設定

　Pythonをインストールしたときに環境変数PATHの設定を行っていない場合は、次のようにPathの設定を行います。ただ、これらの作業は少しややこしいので、一度Pythonを削除してからインストーラーを起動し、最初の画面でPATHに追加してもらう設定をすることをおすすめします。

1　**「コントロールパネル」を表示して「システムとセキュリティ」→「システム」とクリックし、ウィンドウ左に出てくる「システムの詳細設定」をクリックすると、「システムのプロパティ」が表示されます。ウィンドウの下の「環境変数」をクリックします。**

▼ 図2　システムのプロパティ

2　環境変数を閲覧、設定できる画面になります。上段にある「Path」をクリックして「編集」をクリックします。もし「Path」がないときは、「新規」をクリックします。

▼ 図3　上段が各ユーザ用、下段がシステム全体の設定です。

3 この画面で、「Path」にPythonがインストールされているフォルダのパスが設定されているかどうかを確認します。ない場合は、「新規」をクリックして、以下を参考にパスを追加します。

▼ 図4　Path環境変数の一覧

● Python用のPath環境変数

- **標準のPython（Python 3.6.xの場合）**

    C:¥Users¥ユーザー名¥AppData¥Local¥Programs¥Python¥Python36

    C:¥Users¥ユーザー名¥AppData¥Local¥Programs¥Python¥Python36¥Scripts

- **Anaconda**

    C:¥Users¥ユーザー名¥Anaconda3

    C:¥Users¥ユーザー名¥Anaconda3¥Scripts

注意 Windows 10より前のOSでは、環境変数の値が複数になる場合は、セミコロン(;)で区切って入力する必要があります。

STEP 4　テキストエディタ

注意 EmEditorは、フリーソフトではなく有料です。

　テキストエディタは、プログラミングの作業効率を左右する、重要な道具です。Windows用に開発された高性能なテキストエディタも多くあります。Notepad++（https://notepad-plus-plus.org/）や、EmEditor（https://jp.emeditor.com/）には、Pythonモードがあるので便利です。その他にも、お気に入りのソフトウェアを探してみても良いでしょう。

　また最近では、さまざまなOSで動作するテキストエディタが人気です。使い慣れたテキストエディタがない場合は、次に紹介するソフトウェアがおすすめです。

● Visual Studio Code

　Visual Studio Codeは、比較的新しいテキストエディタです。Windowsでおなじみの米Microsoft社が開発を主導していますが、オープンソースのフリーソフトウェアです。日本語化もされているので、利用しやすいと思います。次のページからインストーラをダウンロードして設定できます。

　　https://code.visualstudio.com/download

　Visual Studio CodeでPythonプログラミングをする場合、Microsoft社が提供している拡張機能をインストールするのがよいでしょう。メニューから、「表示」－「拡張機能」を選択すると、追加する拡張機能を選べる画面が出てきます。画面左上の検索キーワードを入力する欄に、「python」と入力すると、Pythonに関連した拡張機能がリストアップされます。Microsoft社が提供しているものは、「ms-python.python」という名前ですので、これを選択してインストールしてください。

▼ 図5　Visual Studio Codeのダウンロードページ

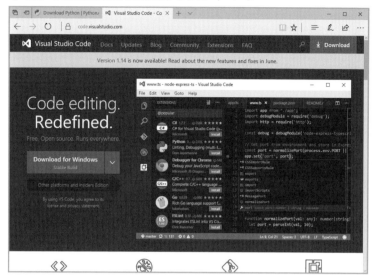

● Atom

　Atomも、人気があるクロスプラットフォームのテキストエディタです。こちらも、オープンソースのフリーソフトウエアです。本書執筆時点では、標準のメニューが英語になっていますが、Pythonのプログラミングには問題なく利用できますし、日本語化することもできます。

https://atom.io/

▼ 図6　Atomのダウンロードページ

付録 B　macOSにPythonをインストールする

macOS に Python をインストールする方法と細かな設定、さらにテキストエディタのインストールについて説明します。

STEP 1　標準の Python のインストール

Python Software Foundationが配布する標準のPythonは、次のURLから入手します。

https://www.python.org

注意 標準のPythonをインストールした場合は、Pythonインタラクティブシェルの起動や、プログラムの実行に、「python3」コマンドを使います。macOSにはシステムにPython 2.xが付属しており、「python」コマンドを使うと、この2系のPythonが起動してしまうためです。

1　トップページのメニューから「Downloads」をクリックし、Python 3 の最新バージョンをクリックします。そのまま実行するか、一度保存してから実行します。

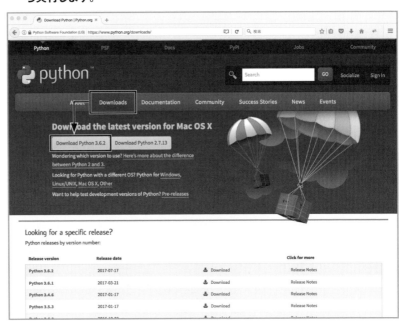

付録-B　macOSにPythonをインストールする

2　インストーラが起動したら、「続ける」をクリックします。

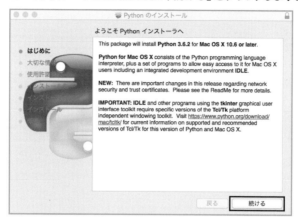

3　使用許諾契約に同意します。「続ける」をクリックします。

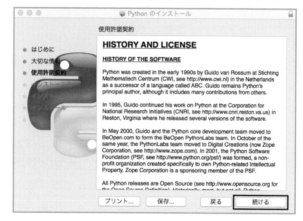

4　インストール先を変更できますが、そのままで問題ありません。「インストール」をクリックします。

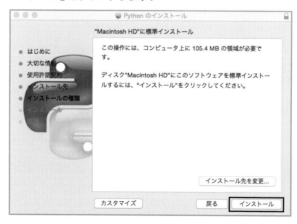

4 インストールが完了したら「閉じる」をクリックします。インストール途中で問題が発生しなければ、追加の設定は必要ありません。

STEP 2　Anacondaを使ったPythonのインストール

　Pythonの豊富な外部ライブラリを最初から一緒にインストールしたい場合は、Anacondaがおすすめです。次のURLから無料でダウンロードできます。

https://www.anaconda.com/download

1 ダウンロードページの下の方に、各OS用のインストーラが用意されていますので、macOS用のPython 3の「DOWNLOAD」をクリックして保存します。

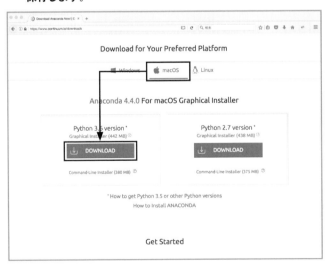

付録-B macOSにPythonをインストールする

2 インストーラを起動したら、「続ける」をクリックします。

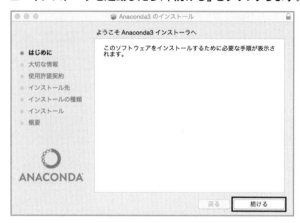

3 環境変数を自動設定してくれることと、インストール場所についてのお知らせが描かれています。「続ける」をクリックします。

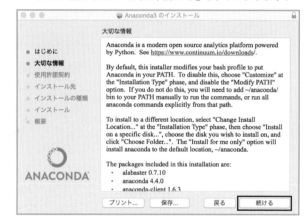

4 「続ける」をクリックして、使用許諾契約に同意します。

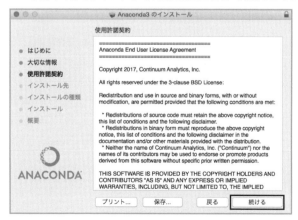

5 インストール先を変更できますが、このままで問題ありません。「インストール」をクリックします。

6 インストールが終了しました。「閉じる」をクリックします。

STEP 3　その他の設定

● ファイルの拡張子を見えるようにする

Finderメニューの「環境設定...」をクリックして、表示される画面で「詳細」をクリックします。「すべてのファイル拡張子を表示」をクリックして、チェックを付けます（図1）。

▼ 図1　macOSで拡張子を表示する

環境変数の設定

macOSの場合は、Pythonをインストールすれば環境変数PATHにPythonのパスが自動設定されるので、設定は必要ありません。また、macOSは、WindowsのようにGUI画面で環境変数を変更することができません。

あえて環境変数を変更するには、ホームディレクトリにある、「.bashrc」というファイルをテキストエディタで開いて編集します（.bashrcの表示方法はコラムを参照）。

.bashrcの環境変数の値は、

```
PATH="設定したいディレクトリ:${PATH}"
export PATH
```

と記述するのが基本です。値の区切りはコロン(:)です。最後の文字列「${PATH}」は、それまで設定された値が消えないようにするために付け加えています。「export PATH」は、設定した環境変数を有効にするための命令です。

テキストエディタで.bashrcを変更して保存した後は、ファイルの変更をシェルに通知するために、ターミナルのホームディレクトリで次のコマンドを実行します。

```
> source .bashrc
```

なお、.bashrcはシェルの動作を規定する重要なファイルですので、編集する場合は必ずバックアップをとっておき、いつでも復旧できるようにしましょう。

補足 macOSのターミナルを起動したときに最初にいるディレクトリで、通常は「/Users/ユーザ名」です。

Column　.bashrcを表示するには

「.bashrc」のようなドット(.)からはじまるファイルは、通常Finderから見えないようになっており、テキストエディタでも開けないことがあります。その場合は、シェル（ターミナル）を起動して、次のようなコマンドを実行します。

```
> defaults write com.apple.finder AppleShowAllFiles TRUE
> killall Finder
```

これで、Finderが再起動され、ドットから始まる名前のファイルもFinderに表示されるようになります。表示をもとに戻すには、次のようにコマンドを実行します。

```
> defaults write com.apple.finder AppleShowAllFiles FALSE
> killall Finder
```

STEP 4　テキストエディタ

注意 TextWranglerは、BBEditというエディタの簡易版という位置付けなので、TextWranglerが気に入ったらBBEditの購入を検討するのも良いでしょう。

　テキストエディタは、プログラミングの作業効率を左右する、重要な道具です。ｍａｃＯＳ用に開発された高性能なテキストエディタも多くあります。たとえば、TextWrangler（https://www.barebones.com/products/textwrangler/）には、Pythonモードがあるので便利です。その他、お気に入りのソフトウェアを探してみても良いでしょう。

　最近は、さまざまなOSで動作する、クロスプラットフォームなテキストエディタが人気です。使い慣れたテキストエディタがない場合は、次のソフトウェアがおすすめです。

● Visual Studio Code

　Visual Studio Codeは、比較的新しいテキストエディタです。Windowsでお馴染みの米Microsoft社が開発を主導していますが、オープンソースのフリーソフトウエアです。もちろん、macOSでも利用できます。日本語化もされているので、利用しやすいと思います。次のページからインストーラをダウンロードして設定できます。

　　　　　https://code.visualstudio.com/download

　Visual Studio CodeでPythonプログラミングをする場合、Microsoft社が提供している拡張機能をインストールするのがよいでしょう。メニューから、「表示」-「拡張機能」を選択すると、追加する拡張機能を選べる画面が出てきます。画面左上の検索キーワードを入力する欄に、「python」と入力すると、Pythonに関連した拡張機能がリストアップされます。Microsoft社が提供しているものは、「ms-python.python」という名前ですので、これを選択してインストールしてください。

▼ 図2　Visual Studio Codeのダウンロードページ

Atom

　Atomも、人気があるクロスプラットフォームのテキストエディタです。こちらも、オープンソースのフリーソフトウエアです。本書執筆時点では、標準のメニューが英語になっていますが、Pythonのプログラミングには問題なく利用できます。

https://atom.io/

▼ 図3　Atomのダウンロードページ

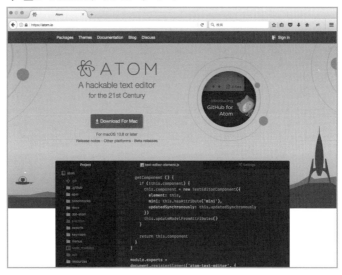

付録 C 文字コードと日本語

メールを受信したり Web を閲覧しているときに、文字が意味不明な記号の羅列になってしまい、読めなくなってしまった経験はないでしょうか？ ここで紹介する文字コードについて詳しくなれば、その原因と解決策がわかります。

STEP 1 文字コード

　コンピュータは、基本的に0と1の2種類の数字しか理解できない機械です。OS（オペレーティングシステム）を始めとしたさまざまなソフトウェアのおかげで、私たちが日常使っている10進数の数字や、さまざまな文字を扱うことができるようになっているのです。

　コンピュータは文字を扱うより、数字を扱う方が圧倒的に得意です。ですから、コンピュータに文字を扱わせようとする場合、たとえそれが単純なアルファベットの「a」であっても、いちいち数値に変換する必要があります。このような文字を数値化する作業を**符号化（コード化）**と呼ぶため、文字の符号化という意味で**文字コード**という言葉が使われます。

> 補足　0xは、コードが16進数（0～9とA～Fを使う）で表現されていることを示しています。

▼ **図1**　文字集合と文字の符号化のイメージ

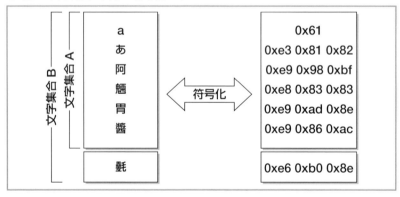

　図1は、文字集合と文字の符号化のイメージ図です。コンピュータの中では、このようにいったん文字を数字に変換してから処理されています。

　文字コードとは、どの文字をどんな方法で符号化するかを規定したものです。英語のような少ない文字の集まりだけで表現できる言語ではあまり問題になりませんが、日本語のように数万の字を必要とする言語の場合は、どの文字までをコンピュータで扱えるようにするか、という点も難しい問題になってきます。つまり、文字コードと言う場合、文字の数値への変換方法だけではなく、ど

> 補足　文字の集まりのことを特に、文字集合と呼びます。

の文字集合を扱うかということも概念としてセットになっています。

STEP 2　日本語の代表的な文字コード

数値しか扱えないコンピュータに、日本語のような膨大な文字数を持つ言語を扱わせることは、そう簡単な話ではありませんでした。1980年代前後からコンピュータが会社の業務などを中心に急速に世の中に広がっていきましたが、これと平行して文字コードの歴史も相当複雑になっていきます。

補足　興味のある方は、インターネットなどを利用して調べてみると良いでしょう。

現在使われている日本語の文字コードには、主に次の4種類があります。

ISO-2022-JP
EUC-JP
Shift-JIS（Windows-31JまたはCP932）
Unicode（UTF-8）

それぞれ符号化方法が違うので、同じ漢字でも全く異なる数値に変換されます。また、複雑な歴史的背景があり、対象にしている文字集合にも違いがあります。

● ISO-2022-JP、EUC-JP

ISO-2022-JPは、JIS X 0201とJIS X 0208という規格で定められた文字集合を、ISO-2022という符号化方式で変換する文字コードセットです。単に「JISコード」と呼ばれることもあります。ISO-2022-JPは、インターネットで日本語の電子メールをやりとりするときによく使われる文字コードです。

補足　JISは、日本工業規格（Japanese Industrial Standards）の略です。

補足　ISO-2022-JPが扱っている文字集合にJIS X 0212を加えて、ISO-2022方式で変換する文字コードが「EUC-JP」です。

一方、EUC-JPは、UNIX系のOSで漢字を扱うために作られた文字コードです。この2つの文字コードについては、WindowsやmacOSを使っている場合、あまり意識することはないでしょう。

● Shift-JIS

Shift-JISは、日本語版Windows系OSでのデフォルトの文字コードです。日本語版CP/M-86用に開発されたShift-JISを、1993年に発売したWindows3.1日本語版に向けて拡張したものが、Windows-31Jという文字コードになります。これはもとのShift-JISとは少し違いますが、現在ではShift-JISというと、このWindows-31Jを指すことが多いようです。

補足　CP/M-86は、デジタルリサーチ社が発売していたOSです。

Pythonでファイルの冒頭に#codingを指定するときは、shift-jis、s-jis、cp932、ms932などとします。表記の揺らぎにはかなり寛容で、大文字や小文字の違い、ハイフンやアンダースコアの違いも理解してくれます。

補足　JIS X 0201とJIS X 0208に各種機種依存文字を加えた文字集合を、Shift-JIS方式で変換する文字コードが「Windows-31J」です。

● Unicode（ユニコード）

これまで紹介した日本語文字コードと比べると、Unicodeは特殊な文字コードです。

Unicodeは、世界中の文字を1つの文字コードで表現しようとする試みです。扱っている文字集合は、世界中の文字を含むもので、これをUTF-8という符号化方式で変換するものを「UTF-8」、UTF-16という方式で変換するものを「UTF-16」と呼びます。

Pythonは、UTF-8を標準的に扱うよう設計されています。ファイルの冒頭で#codingを指定するときは、utf-8、utf8、utf_8のように書きます（大文字でも大丈夫です）。さらにPython 3からは、このcodingの指定も必要なくなりました。また、macOSでは、文字コードとしてUTF-8をデフォルトで使用するため、Pythonとの相性は良いと言えるでしょう。

歴史的背景もあり、日本語だけでも文字コードにはいくつかの種類があり、扱っている文字集合の違いから相互の変換がうまくいかないこともあります。こうした文字コードに関する問題は、日本語の文化的な側面からは大切なことですが、技術的には難解な部分が多いのも事実です。現実的には、使っているOSのデフォルトの文字コードに従うのが安全でしょう。ただ、さまざまな国のいろいろな種類のOSが接続されるインターネットのような環境が普及していくにつれて、今後は国際的に統一されたUnicodeを利用するようになっていくと考えられます。

> 補足 WindowsでもUTF-8を扱うことができますが、コマンドプロンプトや、一部のバージョンのPowerShellでは、UTF-8の日本語が文字化けしてしまいます。

> 補足 macOSとLinuxは、Pythonと同じようにUTF-8を利用するため、問題ありません。Windowsも最近、UTF-8への対応を強化してきてるように見えるので、文字化けに悩まされなくなる日も遠くないかもしれません。

付録 D 関数と変数の高度な話

リストをコピーするときに注意しなければならないことを、リストのインスタンスを関数の引数にしたときを例に解説します。

STEP 1　引数にリストを受け取る関数

ここでは、関数の引数が単純な数字や文字列ではなく、リストだった場合を考えてみます。まず、次のような簡単な関数を作ってみましょう。リスト型のデータを1つ引数として取り、リストの最後の要素に文字列'end'を追加するという関数です。

```
>>> def add_end(arg_list):
...     arg_list.append('end')
...
>>>
```

最後に'end'を追加する関数なので、名前はadd_endとし、引数の名前はリスト型の引数という意味で、arg_listとしました。

次に、0から3までの整数を格納するリスト型のデータ、my_listを用意して、この関数の引数に設定してみましょう。

```
>>> my_list = [0,1,2,3]
>>> add_end(my_list)
```

補足　引数は英語で、argumentです。

関数add_endには値を返す機能がないので、画面には何も表示されません。では、my_listの中はどうなっているでしょうか？ print文で表示してみましょう。

```
>>> print(my_list)
[0, 1, 2, 3, 'end']
```

補足　ちなみに、整数型や文字列型ではこのような結果にはなりません。

意図した通り、リストの最後に'end'が追加されていますね。この関数の動き自体は当たり前のものですが、変数と関数、引数の仕組みを理解するのに良い材料になるので、もう少し詳しく仕組みを探ってみましょう。

STEP 2　変数とデータの実体

先ほど作った関数add_endを呼び出したとき、リストmy_listが関数の引数arg_listにコピーされます。実はこのとき起きている「リストのコピー」という動作には注意しなければならない点があります。

これを理解するために、list_1という名前をつけた簡単なリストを作り、これを、代入演算子（＝）を使ってコピーして、list_2を作ってみましょう。

```
>>> list_1 = [0,1,2,3]
>>> list_2 = list_1
>>> print(list_2)
[0, 1, 2, 3]
```

もちろん、list_2はlist_1と同じ内容になります。ではここで、list_1の中身を変更してみましょう。たとえば、list_1の最初の要素を-1にしてみます。

```
>>> list_1[0] = -1     ← list_1の0番目の要素を-1にする
>>> list_1
[-1, 1, 2, 3]
```

これでlist_1が変更されました。このとき、list_2の中身はどうなっているでしょうか？

```
>>> list_2
[-1, 1, 2, 3]
```

なんと、list_1に合わせてlist_2も変更されてしまいました。

逆を試してみても同じです。list_2を変更すると、それがlist_1に反映されます。

```
>>> list_2[3] = 10     ← list_2の3番目の要素を10にする
>>> print(list_1)      ← list_1の内容を表示する
[-1, 1, 2, 10]
```

本書の中で変数がはじめて登場したとき、変数とはデータの実体に付ける「名札」のようなものだという話をしました（44ページ参照）。

そのたとえ話と同様に、Pythonの内部ではリストのデータは別の場所で管理されていて、変数にはその保管場所しか書かれていないのです。図1は、こ

補足　図の「8番地」は、メモリ上の架空のアドレスです。

れを模式的に表現したものです。

▼ 図1　リストの実体とコピーされた変数の関係

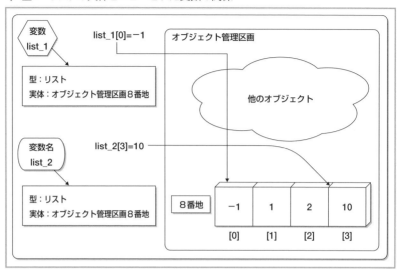

補足　「番地」とは、コンピュータのメモリ上の位置を示す住所のようなものです。「アドレス」とも呼びます。

　list_1という変数には、「リスト型データを参照しています。その実体はオブジェクト管理区域の8番地にあります」とだけ書かれています。変数をコピーすると、名前だけを書き換えた名札が1枚複製されます。つまり、list_1という名前をlist_2にした名札が作られただけで、データの実体は1つのままです。そのため、list_1とlist_2のどちらも、同じ実体にアクセスしていることになるのです。

　この説明で使ったlist_1とlist_2の関係は、そのままmy_listと関数add_endの引数arg_listにもあてはまります（図2）。

▼ 図2　関数の中からも同じ実体にアクセス

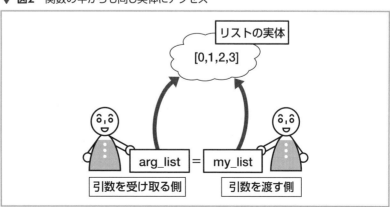

リストは、appendメソッドなどを使って中身を書き換えることができるオブジェクトです。実は、このようなオブジェクトを関数の引数にする場合、関数内で不用意に中身を変更してしまう可能性があるので、とても危険です。

では、引数で受け取ったリストの中身を変更することなく、結果を返すには、どのようにしたら良いでしょうか？

STEP 3　オブジェクトを完全にコピーする

リストのように、中身を書き換えることができるオブジェクトを完全にコピーしたい場合は、代入演算子を使って変数名をコピーするのではなく、copyモジュールのcopy関数を使います。こうすることで、リストに含まれるデータを複製して完全にコピーすることができます。

さっそくインタラクティブシェルで試してみましょう。

```
>>> import copy           ← copyモジュールの呼び出し
>>> list_3 = copy.copy(list_1)   ← copy関数でlist_1をlist_3にコピー
>>> print(list_3)
[-1, 1, 2, 10]
>>> list_3[1] = 200       ← list_3の1番目の要素を200にする
>>> print(list_3)
[-1, 200, 2, 10]
>>> print(list_1)
[-1, 1, 2, 10]
```

この例では、list_1をもとにしてlist_3を作っています。しかし、list_2を作ったときとは違い、list_3に対する変更がlist_1に及んでいないのがわかります。これは、copy関数を使うことで「リストの実体」が複製されたためです。

図3は、copy関数を使ったときのPythonの内部の様子を模式的に示したものです。名札だけが複製されるのではなく、実際のリスト型オブジェクトも同時に複製され、新しく作られたオブジェクトはメモリの管理区域の9番地に置かれています。

このcopy関数を利用することで、引数で受け取ったリストを変更しない関数を作ることができるのです。

▼ 図3　実体もコピーするcopy.copy関数

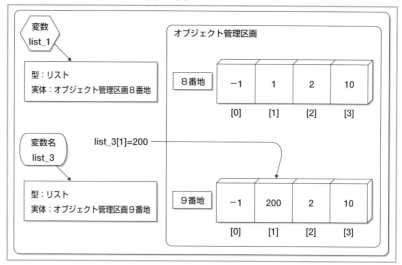

STEP 4　新しいリストを作って返す関数

では、引数で受け取ったリストを書き換えるのではなく、新しいリストを作って返すように、関数add_endを変更してみましょう。インタラクティブシェルの実行結果は次の通りです。

```
>>> def add_end(arg_list):
...     import copy
...     ret_list = copy.copy(arg_list)
...     ret_list.append('end')
...     return ret_list
...
>>> my_list = [0,1,2,3]
>>> new_list = add_end(my_list)
>>> print(my_list)
[0, 1, 2, 3]
>>> print(new_list)
[0, 1, 2, 3, 'end']
>>>
```

新しいadd_end関数

my_listを引数にadd_end関数を実行

補足　関数ブロックの最初の「import copy」は、すでにcopyモジュールがimportされている場合は必要ありません。

修正後のadd_end関数は、引数のリストを完全にコピーして新しいリストを作り、ここに'end'を追加したものを返すようになります。

add_end関数を実行したとき、my_listは変更されず、新しいリストnew_listが作られています。そのため、new_listの変更はmy_listには及んでいません。

補足 これは、ret_listが関数 add_endのローカルスコープに属する変数だからです。

なお、関数内の変数ret_listと、戻り値を受け取った変数new_listは同じ実体を参照していますが、ret_listは関数の呼び出しが終わると参照できなくなります。

STEP 5　まとめ

　リストのように中身を書き換えることができるオブジェクトを関数の引数にすると、関数内部でデータを変更できてしまうので、注意が必要です。関数の内部で引数から新しいオブジェクトを複製し、そこに変更を加えるという方法があります。

　ただし、引数のオブジェクトから新しいオブジェクトを返す関数を作る方法にも、欠点があります。引数で受け取ったリストのサイズが非常に大きい場合、複製によって多くのメモリを消費してしまうのです。

　最近のコンピュータは高性能ですので、メモリのことはあまり神経質になる必要はないかもしれませんが、リストのように中身を変更できるオブジェクトを関数の引数にする場合は、やり方が2通りあることは覚えておきましょう。

補足 言語によっては、引数を渡すときにこれをコントロールできるものもあります。

リスト、辞書、セットの実践テクニック

リストや辞書は実際のプログラミングでとてもよく利用します。ここでは、そうした実践的なテクニックを紹介します。辞書のsetdefaultメソッドは少し難しいですが、習得できるとその便利さが実感できるでしょう。

STEP 1　リスト編

● リストの添字を知るには

for文を使ってリストの要素にアクセスしているとき、いま何番目の要素の処理をしているのかを知りたいときがあります。こういった場合、組み込み関数enumerateを使うと便利です。

enumerate関数は、引数にとったデータの入れ物から要素を1つずつ拾い上げ、添字を付けたタプルにして返してくれます。少しわかりにくいので、5章のデータを例に、実際に使ってみましょう。

> 補足　enumerateは、英語で「列挙する、数え上げる」という意味です。筆者はときどきスペルを間違えます。

> 補足　5章で使った東北地方の世帯別納豆購入金額です。

```
>>> list_tohoku = [5349.0,5478.0,5344.0,4644.0,4968.0,6259.0]
>>> for val in enumerate(list_tohoku):
...     print(val)
...
(0, 5349.0)
(1, 5478.0)
(2, 5344.0)
(3, 4644.0)
(4, 4968.0)
(5, 6259.0)
```

このfor文では、繰り返し変数valに、添字と値の2つの要素からなるタプルが順番に渡されています。これを利用して次のようなコードを書くと、リスト内のすべての添字と値の関係を知ることができます。

> 注意　143ページの文字列フォーマット操作の応用です。formatの引数valの先頭に「*」を付けることで、タプルを分解して、要素ごとに別の引数として渡すことができます。

```
>>> for val in enumerate(list_tohoku):
...     print('index={} -> {}'.format(*val))
...
index=0 -> 5349.0
index=1 -> 5478.0
index=2 -> 5344.0
index=3 -> 4644.0
index=4 -> 4968.0
index=5 -> 6259.0
```

STEP 2　辞書編

● getメソッド

辞書型のオブジェクトでは、[]を使ってキーを指定すれば、それに対応するデータ(値)にアクセスできます。しかし、存在しないキーを指定するとエラーが発生するため、inを使って、キーが存在するかどうかを事前に確認する必要があります。

補足　4章で紹介した国際電話の国番号のデータです。

```
>>> country_code = {81: 'Nippon', 86: 'China', 39: 'Italia'}
>>> 1 in country_code
False
>>> 81 in country_code
True
```

辞書型オブジェクトのgetメソッドは、キーを使って値にアクセスするところは[]を使った方法と同じですが、そのキーがなかった場合は、あらかじめ指定した値を代わりに返してくれます。次の実行例を見てみましょう。

```
>>> country_code.get(81,'somewhere')
'Nippon'
>>> country_code.get(89,'somewhere')
'somewhere'
```

getメソッドは引数を2つ取ります。1つ目の引数は検索するキーです。2つ目の引数が、指定されたキーが存在しなかった場合に返す値です。

実行例を見ると、81というキーは値Nipponがあるので、それが返ってきています。次に、1つ目の引数を89にした場合、これには該当するキーと値のペアが存在しないので、2つ目に引数で指定されているsomewhereが返されています。

補足　somewhereは、英語で「どこか」という意味です。

● setdefaultメソッド

getメソッドは、指定されたキーが存在しなかったときに、あらかじめ引数で与えておいたデータを代わりに返してくれました。次に紹介するsetdefaultメソッドは、指定されたキーが存在しなかったとき、そのキーの値として引数で与えられたデータをセットした後、その値を返します。キーが存在する場合は、普通にそのキーに対応する値を返します。

少し複雑なので、例を見てみましょう。

```
>>> country_code.setdefault(81,'somewhere')
'Nippon'
>>> country_code.setdefault(89,'somewhere')
'somewhere'
>>> country_code
{89: 'somewhere', 81: 'Nippon', 86: 'China', 39: 'Italia'}
```

　setdefaultメソッドもgetメソッドと同じく引数は2つです。1つ目の引数がキーになり、2つ目の引数がキーが存在しなかったときに返す値です。キーとして81を指定したときは、それに対応する値であるNipponが返ってきます。一方、89をキーとして指定すると、対応する値がないため、2つ目の引数somewhereを返します。

　ここまではgetメソッドと同じですが、setdefaultメソッドを使った場合は、辞書に新しいキーと値のペア「89:'somewhere'」が作られているのがわかります。これが、getメソッドとの大きな違いです。

　以下の表に、辞書型オブジェクトからキーを使って値を取り出す場合に利用できる3つの方法をまとめておきます。

▼ 表1　辞書から値を取り出す3つの方法

書き方型	キーが存在しないときの戻り値
dict[key]	エラーが発生
dict.get(key, new_value)	new_valueが返される
dict.setdefault(key, new_value)	新しいキーと値のペア(key:new_value)が作られ、new_valueが返される

・**プログラムで辞書型を活用する**

　実際のプログラムで辞書型を扱うとき、setdefaultメソッドはとても便利です。

　たとえば、世界のいろいろな都市名が次々に与えられ、それを国ごとに分類するプログラムを作っているとします。与えられるデータのイメージは、図1のようなものです。このデータを辞書型に格納することを考えましょう。

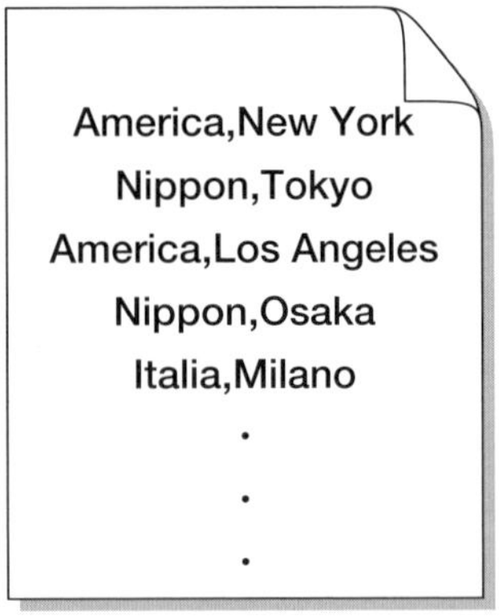

▼ 図1　処理するデータのイメージ（国名と都市名のペア）

```
America,New York
Nippon,Tokyo
America,Los Angeles
Nippon,Osaka
Italia,Milano
     ・
     ・
     ・
```

　次々に与えられる国の名前と都市の名前のペアを、どのように格納したら良いでしょうか？

　すぐに学んだように、辞書型はキーと値のペアを一組しか保持することができません。そのため、最初に「'America':'New York'」のように、国名をキー、都市名を値にしてしまうと、次に「'America':'Los Aangeles'」というデータを入れたとき、'New York'が、'Los Anageles'で上書きされてしまいます。

　これを避けるためには、キーとなる国名は文字列型オブジェクトのままで、値となる都市名には、リスト型オブジェクトを活用することにします。1つの国には多数の都市がありますが、それをすべて1つのリストに詰め込むわけです。

　ここでは完全なプログラムは作りませんが、作成する辞書型オブジェクトのイメージと、プログラム全体の処理の流れを図2に示しておきます。

・辞書型オブジェクトにデータを収める手順

　データを読み込んでいくとき、次にどの国と都市名のペアが出現するのかはわかりません。そのため、読み込んだ国名が辞書型の中にあるのかどうかを確認する必要があります。実際にコードを入力しながら考えてみましょう。

　まず、データを格納するworld_cityという名前の辞書型オブジェクトを定義します。

```
>>> world_city = {}
```

▼ 図2　データのイメージと処理の流れ

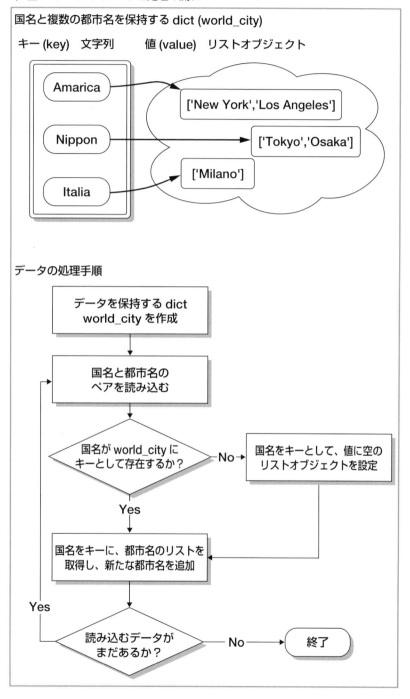

次に「'America':'New York'」というペアを格納する場合を考えましょう。まず、'America'というキーがworld_cityにあるのかどうかを調べてみます。

```
>>> 'America' in world_city
False
```

補足 作ったばかりですのでキーがないのは当然ですが、条件分岐の処理を示すためにあえて実行しています。

Falseが帰ってきたので、キーが存在しないことがわかります。そこで、キー'America'に対応する値として空っぽのリスト型データを作り、このリストに'New York'を追加しましょう。

インタラクティブシェルで実行すると、次のようになります。

```
>>> world_city['America'] = []
>>> world_city['America'].append('New York')
>>> world_city
{'America': ['New York']}
```

1行目を実行すると、'America'というキーの値として、空っぽのリストオブジェクトが格納されます。続いて、リストに新しく要素を追加するメソッドappendを使って、'New York'を追加しています。

では、続いて「'America':'Los Angeles'」を格納するときは、どうなるでしょうか?

```
>>> 'America' in world_city
True
>>> world_city['America'].append('Los Angeles')
>>> world_city
{'America': ['New York', 'Los Angeles']}
```

今度は、すでに'America'というキーが存在するので、対応する値のリストに'Los Angeles'を追加すれば良いことになります。

・setdefaultメソッドでコードを簡略化する

これまで書いてきたのは、if文を使って辞書型データを格納するコードの例です。inを使った文をif文に置き換えて書けば、実際に動くプログラムができるでしょう。しかし、格納する度にキーがあるかどうかを判定するのは、少し面倒です。

そこで登場するのが、setdefaultメソッドです。これは、1つ目の引数で指定したキーが存在しなかった場合、2つ目の引数で指定されたオブジェクトを値と

してセットしてくれます。さらに、キーに対応する値がすでに存在する場合は、2つ目の引数は無視して、すでに格納されている値が返されます。条件分岐の部分を、そのまま代行してくれるのです。

setdefaultメソッドを使うと、先ほどのコードは次のようにたった1行で書けます。

```
>>> world_city.setdefault('Nippon',[]).append('Tokyo')
>>> world_city
{'Nippon': ['Tokyo'], 'America': ['New York', 'Los Angeles']}
```

このコードでは、キーがあるかどうかを気にする必要はありません。setdefaultメソッドは、world_cityの中に'Nippon'というキーがない場合、空っぽのリストを値として新しいキーと値のペアを作ります。その後で、追加したリストを値として返してくれるので、リストのappendメソッドを使って'Tokyo'を追加しているのです。

> **補足** setdefaultメソッドのおかげでキーが存在するかどうかを気にしなくて良くなるため、コードのミスが減り、仕事の効率も上がります。Pythonが開発効率の良い言語であると言われる理由は、このような書き方ができる点にあるのでしょう。

STEP 2　セット編

● リストから重複を取り除く

> **補足** duplicateは、英語で「重複した」という意味です。

たとえば、次のようなリストを考えてみましょう。

```
>>> duplicate_list = [1,2,2,3,3,3]
```

1が1つ、2が2つ、3が3つ格納されています。リストはデータの並びにも意味があるので、これは[1,2,3]とは違うリストです。これをもとにセットを作ると、どうなるでしょうか?

```
>>> from_list = set(duplicate_list)
>>> from_list
{1, 2, 3}
```

セットを作ると、2と3のデータの重複は取り除かれてしまいました。では、これを再びリストに戻してみましょう。

```
>>> list(from_list)
[1, 2, 3]
```

データの重複がなくなったリストが作成されました。

このように、リストをセットに変換してから再びリストに戻すことで、重複したデータを取り除くことができます。

● セットでできる便利な計算

セットを使うと、2つのセットに共通した内容だけを取り出す計算も簡単に実行できます。たとえば、図3のような図を目にすることがあると思います。これは、「ベン図」と呼ばれるものです。

補足 このようなデータの集まりのことを、「集合」と呼びます。

▼ 図3　ベン図のイメージ

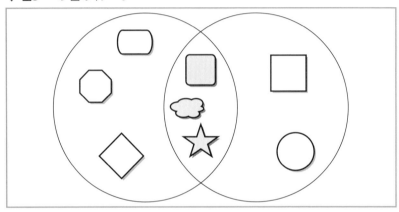

この図では、左右それぞれの円が1つのデータの集まりを表現しています。重なっているところは、2つの集合に共通に含まれている要素を示しています。この図では、色が付いている要素が、両方の集合に共通で含まれているものです。

この計算を、セットを使って簡単に行うことができます。ここでは例として、「北動物園」と「南動物園」という2つの動物園を考えてみます。まず、それぞれの動物園が飼育している動物を、セットとして定義しましょう。

補足 セットは、組み込み関数setの引数にリストやタプルのインスタンスを渡して作ることもできます。

```
>>> north_zoo = {'elephant','lion','tiger','penguin','flamingo'}
>>> south_zoo = {'penguin','lion','elephant','ostrich'}
```

補足 セットの場合、格納されているデータに順番の概念はありません。

北動物園には、ゾウ、ライオン、トラ、ペンギン、フラミンゴがいます。一方の南動物園には、ペンギン、ライオン、ゾウ、ダチョウがいます。2つのセットに共通する要素を取り出すには、intersectionメソッドを使います。

```
>>> north_zoo.intersection(south_zoo)
{'penguin', 'lion', 'elephant'}
```

どちらの動物園でも飼育されている動物は、ライオン、ペンギン、ゾウだということがわかりました。

intersectionメソッドは、共通した要素を集めて新しいセットを作り、それを返します。2つの動物園で共通する動物を求めていますので、引数を入れ替えて「south_zoo.intersection(north_zoo)」と記述しても、同じ結果を返します。

一方、北動物園では飼育されているけれど、南動物園にはいない動物を調べるには、differenceメソッドを使います。

```
>>> north_zoo.difference(south_zoo)
{'flamingo', 'tiger'}
```

differenceメソッドも、新しいセットを返します。トラとフラミンゴは北動物園にしかいないことがわかります。反対に、南動物園でだけ飼育されている動物を選び出すには、次のようにします。

```
>>> south_zoo.difference(north_zoo)
{'ostrich'}
```

これらのメソッドがベン図のどの部分のデータを返しているのかを、図4にまとめておきます。セットを活用すると、こうした計算が簡単にできるのです。

▼ 図4　2つのセットを使った計算

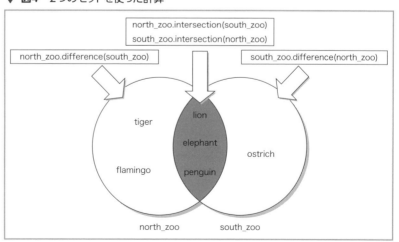

コンピュータの歴史とPython

どんな分野でも、その歴史を知ると理解度が深まる面もあると思います。ここでは手短に、コンピュータの歴史を振り返って、Pythonとの関連を考えてみます。

STEP 1　コンピュータの歴史

昔々のお話

もし、コンピュータと普通の言葉で会話ができれば、プログラミングなど必要ありません。「この書類の山から、5年分の売り上げデータをまとめておいてね。」などと言えばいいだけです。しかし、そんなコンピュータは、まだ漫画や映画の世界でしか見ることができません。

現在のコンピュータの原型は、世界初の原子爆弾の製造に大きく貢献したことで有名な天才フォン・ノイマンとその同僚たちが1940年代の後半に作ったものです。詳しい話は割愛しますが、その仕組みは動物の脳とはまったく違っていて、電子部品で効率よく計算できるように、独自の方法が使われています。このため、開発された当初から、コンピュータを動かすためには専用の言葉を使う必要があったのです。

現在のコンピュータは、「半導体」と呼ばれる電子部品の集合体です。CPUやメモリといった部品はすべて半導体で構成されていますが、この電子部品は内部的に、0と1という2つの状態しか取ることができません。これは、ちょうどスイッチがOFFになっているかONになっているのかに対応します。つまり、コンピュータを動かそうと思ったら、彼らにわかるように、0と1の並びだけの命令に翻訳する必要があるのです。

たとえば、こんな感じです。

```
00001001000011111011 0010
000100001000010111101010
110000001110101010010000
...
```

コンピュータに何か仕事をさせたいと思ったとき、さすがに0と1だけで指令を送るのは大変です。これを少しわかりやすくしたものに、アセンブリ言語があります。

補足　人工知能の研究は長年続けられていますが、なかなか映画の世界のようにはいきません。

補足　現代のコンピュータの基礎的な理論を作った、ブールやチューリングといった人物の貢献も偉大です。

補足　この0と1だけでできた言語を、「機械語」(マシン語)と呼びます。

```
LOAD   i
ADD    j
STORE  k
...
```

補足 これらの機械語やアセンブリ言語の一部をコード (code) と呼んだことから、現在でもプログラムが記述された文のことを「ソースコード」と呼びます。

　これは、アセンブリ言語で「k=i+j」という式を表現したものですが、これも人間の言語とは違いすぎて、習得するのは大変そうです。

STEP 2　高級言語の登場

　1950年代は、アセンブリ言語を使ってコンピュータを動かすのが常識でしたが、1960年代から1970年代はじめにかけて、C言語やFortran（フォートラン）といった新しい言語が登場し、一気に広まっていきました。

補足 この場合の「高級」は「優れている」という意味ではありません。人に近いものを高級、機械に近いものを低級と呼ぶのはコンピュータ業界の慣習です。

　これらの言語は「高級言語」と呼ばれます。機械に近いコンピュータ言語は低級（低レベル）で、人間の言語解釈に近い言語が高級（高レベル）というわけです。

　たとえばC言語では、先ほどアセンブリ言語の例に挙げた式を、そのまま「k=i+j」と書くことができます。より人間にわかりやすい形になっているので、高級言語と呼ばれるわけです。

　現在もC言語はさまざまなところで使われていて、現代社会を支える重要な技術の1つですが、アセンブリ言語の考え方を随所に持っているため、コンピュータの内部を深く知っていないとプログラミングしにくい言語でもあります。

補足 コンパイルを実行するソフトウェアを、「コンパイラ」と呼びます。

　また、C言語でプログラムを作成したあと、実行する前にコンパイルという作業をする必要があります。コンパイルとは、テキストで書かれたプログラムを読み込んでコンピュータにわかる機械語に翻訳する作業です。つまり、C言語で作ったプログラムは、あらかじめ機械語に変換しておかないと実行できないのです（図1）。

▼ 図1　C言語はコンパイルという翻訳作業が必要

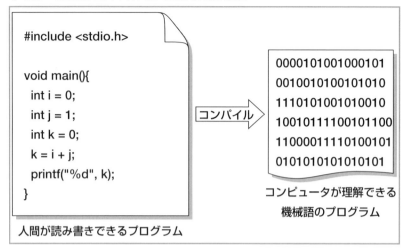

● オブジェクト指向言語の登場

　80年代に入り、コンピュータが広く一般に使われるようになると、ワードプロセッサやゲームなど、さまざまなプログラムが大量に開発されるようになります。これに伴って、プログラミング言語も進化していきます。その大きな動きの1つが、「オブジェクト指向」の登場です。オブジェクト指向は、大雑把にいえば「プログラミングを楽にするために共通する部品を使い回す仕組み」です。

　たとえば、ホームページを閲覧するブラウザや、文章を書くワープロソフトを思い出してください。同じOSを使っていれば、見た目はほぼ同じです。両方ともウィンドウの右下あたりをマウスでつまむと大きさを変更でき、「×」ボタンをクリックすると終了できます。こうした部分は多くのソフトウェアで共通ですので、「ソフトウェアのウィンドウ」といった部品を作って、みんなで使い回したほうが効率的です。これが、オブジェクト指向の発想です。たとえば、ウィンドウの大きさを変えたいときは、どのソフトウェアでも「window.resize(90,120)」とプログラムする、という具合です（図2）。

▼ 図2　例：ウィンドウのサイズ変更

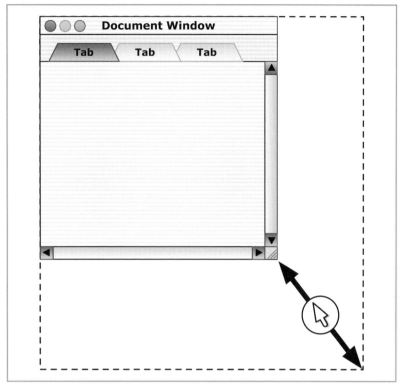

　オブジェクトを使ったプログラミングは、楽で簡単です。しかし、新たにオブジェクトを設計するときは、なるべく注意深く作る必要があります。オブジェクト指向が難しいという場合、後者の設計作業のことを指します。使うことが楽になるように、作るときに頭を使う、というのがオブジェクト指向の正しい理解かもしれません。

　初期に登場した高級言語「C言語」や「Fortran」はオブジェクト指向に対応しませんでしたが、その後登場した多くの言語がオブジェクト指向の考え方を取り入れています。代表的な言語は「Java」や「C++」です。もちろんPythonも、オブジェクト指向のプログラムを作ることができます。

● スクリプト言語（軽量言語）

　オブジェクト指向とはまた違ったプログラミング言語の進化に、「軽量化」というものがあります。ここでいう「軽量」とは、プログラミングをするときの負担が軽い言語という意味です。Pythonは、この軽量化を実現した代表的な言語です。

　Pythonをはじめ、Ruby、Perlなどの軽量化言語は、「スクリプト言語」と呼

補足　軽量化を取り入れた言語のことを、日本語では軽量言語、英語ではLightweight Languagesと呼びます。

ばれることがあります。その大きな特徴の1つが、C言語のようなコンパイルを必要としないことです。もちろん、テキストで書かれたコードを機械語に翻訳しなければコンピュータは理解できません。Pythonなどのスクリプト言語は、実行されると1行ごとにコードを機械語に翻訳してコンピュータに渡します。これが、スクリプト言語と言われる理由です（図3）。

> 補足　スクリプト (script) は、英語では「脚本」や「台本」という意味です。コンピュータの世界では、1行ごとに実行される命令文のことをスクリプトと呼びます。

▼ 図3　Pythonスクリプトの実行イメージ

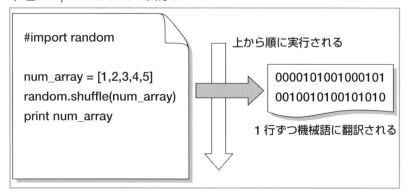

● Pythonの利点と欠点

　Pythonは、コンパイルを必要としない設計になっているため、インタラクティブシェルのような、1行ずつコードを実行する便利な環境を作ることができます。ちょっとしたプログラムを作って、修正しながら気軽に試すこともできます。一方、C言語のようにコンパイルを必要とする言語は、プログラム全体を一度機械語に翻訳したものを実行するため、実行速度がスクリプト言語にくらべて大幅に向上します。つまり、Pythonは非常にプログラムを作りやすい言語ですが、その分コンピュータに負担をかけているのです。

　ただし、最近のコンピュータのハードウェアの進化はまさに日進月歩なので、それに頼って楽にプログラミングすることは悪いことではありません。大部分のソフトウェアは、Pythonで開発しても十分な実行速度が得られます。もし、本当に実行速度の改善が必要になったら、そのときは改めてCやC++などの言語を学べば良いでしょう。うまく使い分けることによって、プログラミングの負担を軽減し、楽しみながら仕事を進められれば最高です。

付録G さらに学んでいくために

本書で解説した内容は、Pythonプログラミングの最初の一歩です。ここでは、さらにPythonに詳しくなるために利用できる、ツールやWeb上の情報源、書籍などを紹介します。

● 便利なツール

本書では、短いコードはPythonインタラクティブシェルを使って、長いコードはテキストエディタに入力して、Pythonのプログラムを実行しました。ですが、本格的にPythonを使った開発を始めるなら、IPythonとJupyterの利用をおすすめします。IPythonは、強化されたPythonのインタラクティブシェルです。さらに、これをWebブラウザだけで利用できるようにしたのが、Jupyterです。どちらも、Pythonの外部ライブラリとしてインストールすることができます。

Jupyter notebookは、その名の通り、ノートブックのように、Pythonのコードと実行結果をまとめておけます（図1）。Webには、他の人が作ったたくさんのnotebookがあるので、ちょっとしたコードを探して試してみると良いでしょう。

補足 https://ipython.org/

補足 Anacondaをインストールすると、これらの環境も一緒にインストールされます。

▼ 図1 Jupyter notebookを使ってPythonのコードを実行している例

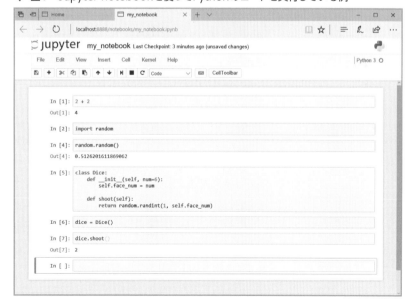

● Webにある情報源

現代のプログラミングでは、すでにあるライブラリをできるだけ利用して、同

333

じようなコードを自分で書かないようにする手法が主流です。ですが、Pythonに標準で備わっているライブラリだけでもその数は膨大なので、覚えられるものではありません。

補足 https://www.python.jp/

ですので、Web上の情報を常に検索し、参照する習慣を持つことが重要です。Pythonの標準ドキュメントは本家のサイトにありますが、有志による日本語訳もありますので、ぜひ活用してみてください。

Pythonには標準ライブラリだけでなく、さらにたくさんの外部ライブラリがありますが、ほとんどの場合、きちんとしたドキュメントが公開されています。英語で書かれていることも多いですが、まずは、それぞれのライブラリのドキュメントを参照することが第一です。

補足 「stack overflow (https://stackoverflow.com/)」や「Qiita (http://qiita.com/)」が有名です。

プログラミングには、エラーがつきものです。単純なスペルミスなどであれば良いですが、すぐには原因がわからないものもあるでしょう。その場合は、Web上にいくつかあるQ&Aサイトが便利です。エラーの内容をそのままWebの検索エンジンに放り込むと、検索結果としてQ&Aサイトがそのまま見つかることもあります。また、システムの細かな設定などに関する情報を、皆で共有するサイトも便利です。情報が古かったり、OSなどが違ったりして、役に立たないこともありますが、同じようなことで悩んでいる人が必ずいるものです。検索キーワードをいろいろと変えて、欲しい情報を見つけ出すスキルを磨くと良いでしょう。

● 関連する技術の習得

Pythonは純粋なプログラミング言語ですので、Pythonを使って何か本格的なことをやろうとすると、プログラミング以外の周辺技術の知識が必要不可欠になってきます。

たとえば、本書の10章で紹介したWebアプリを本格的に作ってみたい場合は、Webの技術に関する深い知識が必要です。この分野に関しては、「Webを支える技術」（山本陽平 著）の一読をおすすめします。また、HTMLやCSSの知識も必要になりますし、JavaScriptの重要性も増しています。こうしたいわゆるフロントエンド開発に関する知識も持っておいた方が良いでしょう。

11章で、データ解析に使える技術としてSQLを紹介しましたが、Webアプリの裏側でも、SQL型のデータベースが使われていることが多くあります。SQLは古くからIT業界で広く使われており、枯れた技術として根強い需要があります。SQLは宣言型言語と呼ばれ、Pythonとはかなり毛色が違うプログラミングスタイルです。Pythonではデータをどう処理するかを記述しますが、宣言型言語ではどんなデータが欲しいかを書くだけです。どう処理するかは、データベースが考えてくれます。Web開発やデータ解析の分野では、SQLでできるこ

とはSQLにやらせた方が便利なので、SQLは習得しておくと役立つ技術の1つと言えるでしょう。

また、コマンドラインを使ったコンピュータの操作も、プログラミングに必要な知識の1つです。本書でも、OSのシェルを利用したファイル操作を紹介しましたが、シェルを使った繰り返し処理は手作業よりも便利ですので、シェルについても学んでみると良いでしょう。シェルにもいくつか種類があり、Windows系OSは独自のPowerShellを採用していますが、macOSやLinuxなどUnix系OSはBash（バッシュと読みます）という広く普及しているシェルが標準です。Bashは実はWindowsでも動かすことができますので、Bashに精通すれば、ほとんどのOSを思うままに操れるのです。もし興味が出たら、ぜひ調べてみてください。

さらに詳しく学ぶための本

●みんなのPython第4版

（柴田淳 著、ソフトバンククリエイティブ、2017年）

　日本語で書かれたPythonの解説書の中でも、非常に人気がある本です。また、版を重ね、進化し続けています。書籍内で利用する環境を、Jupyter notebookにしている点も先進的です。本書で紹介しきれなかった、Pythonに関する詳しい知識を得ることができます。

●Pythonチュートリアル 第3版

（Guido van Rossum 著、鴨澤 眞夫 訳、オライリー・ジャパン、2016年）

　プログラミング言語Pythonの生みの親、自らが書いたチュートリアルです。書籍になっていますが、原文と有志による日本語訳がWeb上で無料で読めます（https://docs.python.jp/3/tutorial/）。すこしPythonに慣れてきたら、復習も兼ねて、知識が偏らないように、このチュートリアルに1度目を通しておくことをおすすめします。

●独学プログラマー（Python言語の基本から仕事のやり方まで）

（コーリー・アルソフ 著、清水川 貴之 監訳、日経BP社、2018年）

　前半はPythonの基礎知識を解説し、後半では、プログラマとして仕事をしていくために必要な、幅広いIT関連知識がまとめられています。原著のコードを、訳者がリファクタリング（ソースコードの改良）をしている部分があり、まさにプログラミングを独学で学ぶのに適した本です。

●退屈なことはPythonにやらせよう
（Al Sweigart 著／相川 愛三 訳、オライリー・ジャパン、2017年）
　Webからの情報取得や、Excelシートの操作など、日頃手作業でやっているようなことを、Pythonで実行するためのノウハウが詰まった書籍です。Pythonでどんなことができそうか、この本の中から自分に合った利用方法を探してみるのも良いかもしれません。

●Webを支える技術 — HTTP、URI、HTML、そしてREST
（山本 陽平 著、技術評論社、2010年）
　Webアプリケーションを作ろうと思うと、プログラミングの知識の他に、Webに関する技術を知っている必要があります。本書は少し古い本ですが、幸い基本的なWebの技術は、1990年前後の誕生以来、ほとんどその姿を変えていません。この本は、Webに関するしっかりした知識を、網羅的に身につけるのに、非常に適した内容になっています。

●PythonユーザのためのJupyter[実践]入門
（池内 孝啓、片柳 薫子、岩尾 エマ はるか、@driller 著、技術評論社、2017年）
　本書でもすこし触れた、Jupyter notebookを利用して、データを処理したり、可視化する方法を丁寧に解説しています。Pythonをデータ解析に利用したいと思っている場合には、pandasやmatplotlibの基本的な使い方が説明されているので、これらのライブラリへの入門書としておすすめです。

●Pythonによるデータ分析入門
（Wes McKinney 著／小林 儀匡ら 訳、オライリー・ジャパン、2013年）
　Pythonでデータ解析をする際になくてはならないライブラリであるpandasの創始者による、データ分析の入門書です。少し分厚いですが、Pythonを使ったデータ分析の全体像を把握できます。

●統計学入門
（小島寛之 著、ダイヤモンド社、2006年）
　ちょっとしたライブラリの使い方などは、Web上の情報ですぐに理解できることも多いでしょう。しかし、データ解析に必要な統計学の知識は、そう簡単に身に付くものではありません。数ある統計学の入門書の中でも、本書のわかりやすさは群を抜いており、統計の本質的な考え方を習得することができます。

付録 H 外部ライブラリの追加方法

Pythonには、多くの優秀な外部ライブラリがあり、これが世界的なPython人気を支えています。外部ライブラリを使いこなせると、Pythonプログラミングがさらに楽しくなります。

STEP 1　Python Package Index (PyPI)

　Pythonには、10万種類以上の外部ライブラリが存在し、Pythonによるプログラミングを支えてくれています。それぞれのライブラリは、個人やグループ、法人など多様な開発者によって作られています。Python Package Index (https://pypi.org) は、このようなライブラリが登録されるサイトです（図1）。

▼**図1**　Python Package Indexのトップページ

　自分のPythonに外部ライブラリを追加したいときは、まず、このサイトから必要なファイルをダウンロードします。OSやPythonのバージョンごとにパッケージが分かれていることもあるので、環境に合ったものをダウンロードして、解凍します。
　解凍したディレクトリに移動すると、中にsetup.pyというファイルがあります。解凍したディレクトリをカレントディレクトリにして、次のように実行すると、

インストールできます。

```
> python setup.py install ⏎
```

なお、特にWindows環境では、普通のソフトウェアのようなインストーラを備えた外部ライブラリもあります。その場合はOSのシェルを使うのではなく、通常のソフトウェアと同じようにインストールできます。

これが外部ライブラリの基本的なインストール方法ですが、外部ライブラリは別のライブラリに依存していることも多く、目的のもの以外に必要なライブラリがある場合、1つ1つ手作業でインストールしなければなりません。そこで、これを解決してくれる方法が用意されています。pipというコマンドです。

補足 pipは、「ピップ」と発音されることが多いようです。

STEP 2　pip コマンドの利用

pipコマンドは、Python 3.4から標準で利用できるようになりました。外部ライブラリをインストールしたいとき、OSのシェルから、次のようにpipコマンドを実行します。ここでは、DjangoというWebアプリケーションフレームワークをインストールすることを想定しています。

```
> pip install django ⏎        ←「Django」をインストールする命令
```

これだけで、指定されたライブラリ以外に必要なものがあっても、すべて自動的にインストールしてくれます。

また、すでにインストールされているライブラリのバージョンを上げるには、次のようにします。

```
> pip install --upgrade django ⏎
```

注意 Djangoのような巨大なライブラリを安易にバージョンアップすると、あちこちに不具合が出る可能性がありますので注意しましょう。ちなみに、Djangoは「ジャンゴ」と発音するようです。

pipコマンドには、この「--upgrade」のようなオプションがたくさんありますが、pipをコマンドライン引数なしで起動するか、次のようにすると、詳細な情報を参照できます。

```
> pip help install ⏎
```

STEP 3　condaコマンドの利用（Anacondaを利用している場合）

　Anaconda環境には、pipではなく、condaという独自のコマンドが付属しています。condaはpipよりも高性能なコマンドで、pipの機能も含んでいますので、pipと同様に外部ライブラリを追加することができます。

```
> conda install django
```

　外部ライブラリに依存関係がある場合も、pipコマンドと同じように自動的にインストールしてくれます。
　この他に、condaコマンドはAnaconda環境のメンテナンスにも利用できます。Anacondaのバージョンに特にこだわりがなく、常に最新の状態にしたいときは、次の2つのコマンドを順に実行するだけで済みます。

```
> conda update conda
> conda update anaconda
```

　pipとcondaの大きな違いに、コマンドが実行された際に、ライブラリを探しに行くサーバが違うという点があります。condaの場合、公開された外部ライブラリがAnaconda環境で適切に動くかどうかがAnaconda社によってチェックされてから、利用できるようになります。そのため、同じライブラリでも、pipでインストールされるもののほうが、バージョンが新しいことがよくありますので、注意が必要です。

各章の練習問題の解答と解説

1章の解答と解説

1. 23ページ参照
「Pythonインタラクティブシェル」は、Windows系OSの場合は「PowerShell」を、Mac OS Xの場合は「ターミナル」を起動した後、「python」と入力することで起動します。

2. ① CUI（キャラクターユーザーインターフェース）
人間からコンピュータへの指示をコマンド入力で行うインターフェースを、CUIと呼びます。

3. 2**10
2を10回掛けてもいいですが、2**10と入力することで簡単に計算できます。

4. ① .py
拡張子は必須ではありませんが、ファイルの種類を見分けやすくなるので、なるべく付けるようにしましょう。なお、普通のテキストファイルには、.txtという拡張子が使われます。

2章の解答と解説

1. ① 整数　② 文字列
データにはそれぞれ種類を区別するための型があります。

2. ① 引数　② 戻り値
引数（ひきすう）は、読み方に注意しましょう。

3. list(range(2,22))
インタラクティブシェルで試してみるのは簡単なので、いろいろと打ち込んでrange関数に慣れると良いでしょう。

4. ① メソッド
メソッドは、データ型が専用で持っている関数のことで、通常の関数とは呼び出し方が違います。

3章の解答と解説

1. datetime.date(2010,4,1)
　年月日の順で整数型のデータを引数として与えることで、date型のインスタンスを作れます。

2. datetime.date.today()
　初期化メソッドを使わなくても、date型のtodayメソッドを使えば、今日を表現するdate型のインスタンスを作ることができます。

3. 「乗り物」モジュール
　　「飛行機型」、「車型」、「電車型」
　現実のモノを使って、いくらでも考えられます。「精密機器」モジュールでは、携帯電話と液晶テレビは一緒になりますが、「家電」モジュールでは、テレビと洗濯機が一緒になるかもしれません。実際の世界をモデル化する能力は、本格的なプログラミングで必要になります。しかし、複雑で難しい作業でもありますので、少しずつ慣れていきましょう。

4章の解答と解説

1. ① append　② sort　③ reverse

2. list_test = []
　変数名は何でも良いので、空っぽのリストを作り、後は、**list_test.append('a')** などと追加すれば良いでしょう。

3. dict_test = {}
　空っぽの辞書型を作ります。リストと括弧の形が違うので、注意してください。**dict_test['a'] = 'A'** とすれば、新しいキーと値の対応が保持されます。

4. 最初に見つかった要素を削除して終了します。
　removeは、2個以上同じ要素があるときは、一番若い添え字の要素だけを削除します。こうした疑問はドキュメントを読むと解決できますが、Pythonにはインタラクティブシェルがあるので、適当なデータを用意して試してみるのが一番です。

5章の解答と解説

1. ① **コロン（:）** ② **タブ（Tab）**

　タブキーでインデントすると書きましたが、もちろん、字数が揃ってさえいれば半角スペースをいくつか入力してブロックを作っても構いません。ただ、スペースキーを何度も入力するのは面倒ですし、数が揃わないというミスが発生する可能性があるので、なるべくタブキーを使いましょう。また、テキストエディタによって違いはありますが、タブキーを入力したときに、半角スペース4つに変換してくれる機能を使っても良いでしょう。

2. 辞書のキー

　for文で辞書型を扱う場合、繰り返し変数で参照できるのはキーだけなので、注意が必要です。問題の例の場合は、sample_dict[v]とすると、キーに対応する値を取り出すことができます。

3. ① **else** ② **elif**

　elseは残りを一手に引き受けるとき、elifはさらに条件で絞り込むときに使います。

4. ① **break** ② **continue**

　どちらのキーワードも、繰り返し処理のブロックの中でif文とセットで使われます。似て非なる動きですので、注意してください。

▶ 6章の解答と解説

1. ① 'r'　② 'w'

　ファイルに書き込むときにすでに同じ名前のファイルがある場合、'w'を指定すると既存のファイルを上書きしてしまいます。すでにあるファイルに追加書き込みをしたいときは、'a'を指定します。

2. close

　ファイルを閉じると、そのファイルへはいかなる操作もできなくなります。これは、Python内部と外部ファイルが切り離されるためです。長いプログラムを書くようになると、閉じたファイルにアクセスしようとしたり、逆にファイルを閉じ忘れたりしがちです。気を付けるようにしましょう。

3. ① タブ　② 改行

　Windows系OSの改行コードは「\r\n」ですが、実は「\r」には「復帰」(カーソル位置を左に戻す)という制御文字の役割があります。純粋に改行の意味を持つ制御文字は「\n」だけ、と考えると良いでしょう。

　興味のあるある方は、「\r」の動きを確認するコードを書いてみると良いでしょう。文字列の中に適当に\rを入れて、print関数で画面に出力するだけで、その動きを試すことができます。たとえば、print('1234\r567')はどのように表示されるでしょうか?

▶ 7章の解答と解説

1.

```
>>> for i in range(6):
...     kame.forward(200)
...     kame.left(60)
```

　正六角形は、6つの正三角形を放射状に並べて作られていると考えられます。ちょうど、丸いケーキを6等分したイメージです。つまり、1つの内角の大きさは120度です。ですから、60度分だけ向きを変えれば良いことになります。

2. この章で学んださまざまなメソッドを使って、インタラクティブシェルで自由に画を描いてみましょう。for文やwhile文を使うと、いろいろな幾何学図形や模様を描くことができますので、試してみてください。

8章の解答と解説

1. ① def

defで定義した関数の中身は、タブで字下げして書きます。

2. ① return

returnの後に半角スペースを入力し、続いて戻り値を指定します。

3. 10

2つ目の引数が指定されていないため、デフォルト値を使って計算されています。

4. 次ページのような関数doを作ることができます。

```
>>> def do(f,l):        ← 引数1に関数、引数2にリストを取る
...     return f(l)     ← リストを引数にした関数の戻り値を返す
...
>>> do(max,[1,3,2])
3
>>> do(min,[0,-1,3])
-1
```

9章の解答と解説

1. ① class

関数やメソッドの定義は、defから始めました。新しいデータ型は、classで始めます。

2. ① self

初期化メソッドでも例外ではありません。引数selfの書き忘れに注意しましょう。

3. ① __init__

初期化メソッドの動きを変えたいときは、__init__メソッドを作成します。

4. ① 継承

データ型のクラスを継承すると、子は親のデータ型が持っているすべてのメソッドとデータ属性（アトリビュート）を受け継ぎます。

5. ① super

関数として利用するので、**super()**とします。

10章の解答と解説

1. URL：Uniform Resource Locator
　　HTTP：HyperText Transfer Protocol
　　HTML：HyperText Markup Language

Hypertextとは、Webページのように、お互いにリンクでつながる構造を持ったテキストデータのことです。

2. ① HTTPレスポンス

HTTPレスポンスを動的に生成することで、Webアプリを作れます。

3. URLでは、「?month=8&day=3」のように指定します。利用するところでは、「today.day * month * day」など、いろいろなアルゴリズムを考えてみましょう。

▶ 11章の解答と解説

1. ① insert ② select ③ update ④ delete

2. ① where

3. データを一定の区間で区切り、区間ごとの頻度を描画したグラフです。データの全体像を把握するのに使われる、データサイエンスの基本的な方法です。

索引

INDEX

記号

,	27,49,57
.	69
..	22
...	119
.py	18,33
:	102,119
?	267
!=	51
_	45
__init__	232
/	26
//	51
( )	29,51,54,107,199
[ ]	27,49
{ }	102,106,110
'	26,48
'''	142,261
"	26,48
"""	142
+	26
-	26
=	35,52
==	51
<	51
<=	51
>	22,51
>=	51
>>>	23
\	121
\n	157
$	22
%	26,51
#	142
*	26
**	26,51

英字

add	109
Anaconda	17,292
append	92
Atom	32
avg	290
backward	173
bool	48
break	131
cd	22
CGI	259
cgi-bin	260
choice	29
circle	175
class	224
clear	176
close	152,155,282
collections.Counter	284
commit	282
continue	131
copy	316
count	280
create	278
CRUD	282
CUI	19
date	76,83
datetime	75,78
Decimal	47
def	196
delete	282
dict	101
distance	178
elif	128
else	125
EOF	159
Error	26
EUC-JP	311

except	136	pass	224
execute	278	pendown	179
extend	95	penup	179
False	48	pip	338
file 型	150	pop	94,105
float	46	position	177
flush	152	pow	144
for	118,164	PowerShell	20
format	143,269	print	27,57
forward	172	pwd	23
get	320	PyPI	337
goto	177	quit	24
group by	290	random	28,184
GUI	19	range	57,182
home	176	RDB	275
HTML	253	readline	154
HTTP	253	readlines	160
http.server	255	remove	94,110
HTTP メッセージ	254	return	198
HTTP レスポンス	258	reverse	98
if	123	right	174
import	28	select	279
importlib	201	self	227
in	103,109	sep	57
input	144	set	108
insert	93,279	setdefault	320
int	45	shape	172
isdown	179	shapesize	172
ISO-2022-JP	311	Shift-JIS	141,311
itertools.count	278	sort	98
join	165	split	59
key	101	SQL	276
left	174	sqlite3	276
len	53	str	48,56
list	58	strip	162
ls	20	super	247
map	214	sys	113
mkdir	22	sys.argv	112
next	278	Tab	119
now	78	timedelta	84
open	150	today	77

True	48,185	拡張子	18
try	136	型	41
tuple	107	カレントディレクトリ	21
turtle	171	環境変数	18
type	215	関数	53,196
undo	175	関数型言語	216
update	281	キー	101
upper	61	キーワード	129
URL	253	起動	23
UTF-8	141,312	キャスト	56
value	101	クエリパラメータ	267
Visual Studio Code	32	組み込み関数	81
Web サーバ	255	組み込みデータ型	42,81
weekday	77	クラス	223
where	281	クラス属性	241
while	129	繰り返し	120
window_height	176	継承	243
window_width	176	高級言語	329
with	167	子クラス	244
write	151	コマンドライン引数	112
writelines	163	コメント	142

ア行

値	101
アトリビュート	85,222
イテレータ	278
インスタンス	76
インスタンス属性	242
インタラクティブシェル	25
インデント	119,133
引用符	26,44,48
エラー	134,238
演算子	26
オブジェクト	81
オブジェクト指向	243,330
親クラス	244

カ行

改行	157
階層	23
概念	71

サ行

材料	40,65
作業用ディレクトリ	21
シェル	20
時刻	75
辞書型	101,121,320
実行	33
実体	71
集計関数	290
終了	24
条件式	123
小数	25
小数型	42,46
初期化メソッド	76,232
真偽型	42,48,123
スクリプト	30
スクリプト言語	331
スコープ	231
ステータスライン	258

スライス	96	フォルダ	20
制御文字	157	複合代入演算子	52
整数	25	符号化	310
整数型	42,45	フローチャート	126
正多面体	233	プログラミング言語	14
セット	108,325	プログラム	30
ソースコード	30,33	ブロック	120,133
添字	50,90	ヘッダ	258
属性	85	変数	43
		変数名	45
		ホームディレクトリ	21
		ボディ	258

タ行

ターミナル	20
代入演算子	52
タグ	44
タブキー	119,133
タプル	107
データ	65
データアトリビュート	85
データ型	41
データ属性	85
データベース	275
テーブル	275
ディレクトリ	20
テキストエディタ	31
テキストファイル	150
道具	40,65

マ行

マルチパラダイム言語	216
メソッド	59,72,222
文字コード	141,310
モジュール	28,70,199
モジュールサーチパス	203
文字列	26
文字列型	42,48
モデル化	69
戻り値	54

ナ行・ハ行

名札	44
名前	35,43
名前空間	231
並べ替え	98
日本語	27,141
バージョン	16
半角スペース	133
比較演算子	51
引数	54
ヒストグラム	283
日付	75
ファイル	150
ファイルオブジェクト	150

ヤ行・ラ行

ユニコード	141,312
要素	49
リクエスト	254
リスト	27,313,319
リスト型	42,49,90
リテラル	42
例外	136
レスポンス	254

謝辞

まずはじめに、初版を執筆する機会を与えてくれた柴田淳さんに感謝いたします。SNSなどを通じて柴田さんから発信される情報は、技術的な示唆に富みいつも参考になります。

また、本書を読んで私に声をかけてくれ、Start Python Clubを立ち上げ、「みんなのPython勉強会」を一緒に主催するという幸運を運んでくれた、阿久津剛史さん、コミュニティ運営に協力してくださる、阿部一也さん、岸慶騎さん、中島裕樹さん、山下陽介さん、山田聡さん、横山直敬さんには、いつも感謝しています。

16年前、ITベンチャーのエンジニアだった私を博士課程の学生として迎え入れてくれ、なんとか博士号は取得するも、いつまでも研究者としては半人前の私を、慈悲深く支えてくださる油谷浩幸先生には感謝の言葉もありません。

初版の原稿を注意深く読んで、多くの示唆を与えてくれた矢吹太朗先生とは長い付き合いですが、特定の技術や言語に固執しない幅広い知識は、常に私に新しい気付きを与えてくれます。

初版の執筆開始は10年ほど前になりますが、あの時点でPythonの入門書を出そうと考えた技術評論社の青木宏治さんには、先見の明があります。

最後に、小学生だった私がプログラミングを経験できる環境を与えてくれた父和雄と、何があっても能天気な母由子、改訂版のためにイラストを追加してくれた弟修平、才能にあふれいつも笑顔をくれる妻彩に感謝します。

2018年2月　辻　真吾

■著者略歴
辻 真吾（つじ しんご）
1975年東京都生まれ。東京大学工学部計数工学科数理工学コース卒業。2000年3月大学院修士課程を修了後、創業間もないIT系ベンチャー株式会社いい生活に入社し、技術担当の一人としてJavaを使ったWebアプリ開発に従事。その後、東京大学先端科学技術研究センターゲノムサイエンス分野にもどり、生命科学と情報科学の融合分野であるバイオインフォマティクスに関する研究で、2005年に博士（工学）を取得。現在は、同研究センターの特任助教として勤務する傍ら、「みんなのPython勉強会」を主催するなど、Pythonの普及活動にも力を入れている。

カバーデザイン	◆ 平塚兼右（パイデザ）
カバーイラスト	◆ 鈴木みの理
本文イラスト	◆ 株式会社トップスタジオ
本文デザイン・レイアウト	◆ 株式会社トップスタジオ
本文キャラクター	◆ しゅうへい
編集担当	◆ 青木宏治

Pythonスタートブック［増補改訂版］
（パイソン）　　　　　　　　（ぞうほかいていばん）

2010年　5月25日　初　版　第 1 刷発行
2017年12月17日　初　版　第12刷発行
2018年　4月25日　第 2 版　第 1 刷発行
2020年　2月13日　第 2 版　第 4 刷発行

著　者　辻 真吾（つじ しんご）
発行者　片岡 巌
発行所　株式会社技術評論社
　　　　東京都新宿区市谷左内町 21-13
　　　　電話　03-3513-6150　販売促進部
　　　　　　　03-3513-6160　書籍編集部
印刷所　株式会社加藤文明社

定価はカバーに表示してあります

本書の一部または全部を著作権法の定める範囲を越え、無断で複写、複製、転載、テープ化、ファイルに落とすことを禁じます。

©2010　辻真吾

> 造本には細心の注意を払っておりますが、万一、乱丁（ページの乱れ）や落丁（ページの抜け）がございましたら、小社販売促進部までお送りください。送料小社負担にてお取り替えいたします。

ISBN978-4-7741-9643-5　C3055

Printed in Japan

■ご質問について
本書の内容に関するご質問は、下記の宛先までFAXか書面、もしくは弊社Webサイトの電子メールにてお送りください。お電話によるご質問、および本書に記載されている内容以外のご質問には、いっさいお答えできません。あらかじめご了承ください。

宛先：〒162-0846
東京都新宿区市谷左内町 21-13
株式会社技術評論社　書籍編集部
『Pythonスタートブック ［増補改訂版］』係
FAX：03-3513-6167
Web：https://gihyo.jp/

※なお、ご質問の際に記載されました個人情報は、本書の企画以外での目的には使用いたしません。参照後は速やかに削除させていただきます。